Estudios de la OCDE sobre Gobernanza Pública

De cómo los ecosistemas de innovación fomentan la participación ciudadana utilizando tecnologías emergentes en Portugal, España y los Países Bajos

OCDE
MEJORES POLÍTICAS PARA UNA VIDA MEJOR

Este documento ha sido redactado con la ayuda financiera de la Unión Europea. Las opiniones expresadas en él no se han de entender en modo alguno como la opinión oficial de la Unión Europea.

Tanto este documento, así como cualquier dato y cualquier mapa que se incluya en él, se entenderán sin perjuicio respecto al estatus o la soberanía de cualquier territorio, a la delimitación de fronteras y límites internacionales, ni al nombre de cualquier territorio, ciudad o área.

Por favor, cite esta publicación de la siguiente manera:
OECD (2025), *De cómo los ecosistemas de innovación fomentan la participación ciudadana utilizando tecnologías emergentes en Portugal, España y los Países Bajos*, Estudios de la OCDE sobre Gobernanza Pública, OECD Publishing, Paris, https://doi.org/10.1787/84092127-es.

ISBN 978-92-64-48169-5 (impresa)
ISBN 978-92-64-37027-2 (PDF)
ISBN 978-92-64-77728-6 (HTML)

Estudios de la OCDE sobre Gobernanza Pública
ISSN 2414-3308 (impresa)
ISSN 2414-3316 (en línea)

Publicado originalmente por la OCDE con el título: OECD (2025), *How Innovation Ecosystems Foster Citizen Participation Using Emerging Technologies in Portugal, Spain and the Netherlands*, OECD Public Governance Reviews, OECD Publishing, Paris, https://doi.org/10.1787/2cb37a30-en.

Imágenes: Portada © Rawpixel.com/Shutterstock.com.

Las erratas de las publicaciones se encuentran en línea en: https://www.oecd.org/en/publications/support/corrigenda.html.

Prólogo

En un momento en que los Gobiernos de todo el mundo se enfrentan a retos cada vez más complejos, el uso eficaz de las nuevas tecnologías se ha convertido en un elemento fundamental para fomentar procesos democráticos más inclusivos, transparentes y participativos. Este estudio es un ejemplo del compromiso de la OCDE de avanzar en el conocimiento de cómo los ecosistemas de innovación pueden catalizar el desarrollo y la adopción de tecnologías que mejoren la participación ciudadana.

Centrado en Portugal, España y los Países Bajos, el estudio ofrece una evaluación en profundidad de los ecosistemas de innovación de estos países. Estos ecosistemas engloban una red de actores —incluidas las Administraciones Públicas, las entidades del sector privado, el mundo académico y las organizaciones de la sociedad civil— que colaboran para desarrollar soluciones tecnológicas encaminadas a alcanzar objetivos compartidos. En el contexto de este estudio, estos objetivos giran en torno al empoderamiento de la ciudadanía y la potenciación de la gobernanza participativa a través de la tecnología.

La principal finalidad de este estudio es facilitar que las Administraciones Públicas comprendan mejor los ecosistemas de innovación y su papel como catalizadores del desarrollo y uso de tecnologías emergentes para mejorar la participación ciudadana.

En la investigación se ha utilizado una metodología de cartografía sistémica para examinar las dinámicas, los retos y las oportunidades que encierran estos ecosistemas. De este modo, se aportan ideas que pueden ayudar a los responsables políticos y a las partes interesadas a comprender mejor la intrincada red de relaciones e interacciones que impulsan la innovación en este espacio. Las conclusiones que aquí se presentan constituyen un recurso que no solo sirve a las Administraciones Públicas, sino también a todos los miembros del ecosistema de innovación, ya que ofrecen recomendaciones prácticas para abordar barreras comunes y aprovechar oportunidades de mejora.

Aunque el ecosistema de innovación de cada país tiene características distintas, el estudio destaca el papel fundamental de las Administraciones locales como motores de demanda, experimentación e innovación en los tres países. También se subraya la importancia de las redes nacionales e internacionales para compartir conocimientos y ampliar la escala de las iniciativas. Sin embargo, persisten algunos retos, como la necesidad de una dirección estratégica nacional, el fomento de la inclusión digital y el desarrollo de las capacidades del sector público para gestionar eficazmente las tecnologías participativas. Este estudio ofrece recomendaciones prácticas para afrontar esos retos.

Al arrojar luz sobre las fortalezas y debilidades de estos ecosistemas de innovación, el estudio dota a Gobiernos y partes interesadas de las herramientas necesarias para fomentar entornos en los que las tecnologías emergentes puedan prosperar. Con ello, contribuye a una visión compartida de una gobernanza más inclusiva, participativa y adaptativa en todos los países miembros de la OCDE y externos a ella.

Este estudio forma parte del amplio programa de trabajo de la Organización de Cooperación y Desarrollo Económicos (OCDE) para apoyar la innovación en la gobernanza pública.

Dicho programa fue aprobado y desclasificado mediante procedimiento escrito por el Comité de Gobernanza Pública de la OCDE el 16 de enero de 2025 y preparado para su publicación por la Secretaría de la OCDE.

Agradecimientos

El libro "De cómo los ecosistemas de innovación fomentan la participación ciudadana utilizando tecnologías emergentes en Portugal, España y los Países Bajos" ha sido elaborado por la Dirección de Gobernanza Pública de la OCDE, cuya directora es Elsa Pilichowski. Ha sido elaborado bajo la dirección estratégica de Carlos Santiso, Jefe de la División de Gobierno Innovador, Digital y Abierto (INDIGO), y Marco Daglio, Jefe del Observatorio de Innovación del Sector Público (OPSI), de la OCDE.

Se trata de un resultado del proyecto "Mejora de la participación ciudadana con tecnologías emergentes", que lideran Portugal, los Países Bajos y España con el apoyo de la Comisión Europea en el marco del Instrumento de Apoyo Técnico (IAT). Los beneficiarios del proyecto son el Centro para la Innovación en el Sector Público (LabX) de la Agencia para la Modernización Administrativa (AMA, I.P.) en Portugal, el Instituto Nacional de Administración Pública (INAP) en España y Digicampus en los Países Bajos. Ha sido financiado por la Unión Europea a través del Instrumento de Apoyo Técnico, y ejecutado por la OCDE, en cooperación con la Comisión Europea.

El proyecto está dirigido por Bruno Monteiro, Analista de Políticas y Responsable de Innovación en los Servicios Públicos (INDIGO), que ha supervisado los procesos y actividades por los que se han obtenido sus resultados. El autor principal de la versión preliminar fue Jack Orlik (INDIGO), mientras que Paulina Boéchat (INDIGO) dirigió el proceso de revisión y consolidó la versión definitiva. Mauricio Mejía Galván (INDIGO), Simone Parazzoli (INDIGO), Bruno Monteiro (INDIGO), Gulin Ozcan (INDIGO) y João Lopes (INDIGO) colaboraron en la elaboración del borrador y en la revisión de la versión definitiva. Este documento se basa en la investigación y el análisis inicial realizados por Corné Snoeij (Países Bajos), Fernando Andrés, Raúl Oliván y Jorge Calvo Peralo de Hexagonal (España), y Beatriz Lopes, Ana Rita Matias y Sofia Carvalho de With Company (Portugal).

La OCDE desea expresar su gratitud a los funcionarios públicos y a las partes interesadas no gubernamentales que han colaborado participando en las actividades de investigación (encuestas, entrevistas y talleres). Esta publicación también se ha beneficiado de las inestimables observaciones y asistencia de nuestros colegas de la OCDE, concretamente Deniz Devrim, Ricardo Zapata y Arturo Jacob Rivera Pérez (INDIGO).

La Secretaría de la OCDE desea expresar su especial agradecimiento a Jorge Lagarto, Beatriz Silva, Patrícia Paralta y Elsa Belo (LabX, AMA) en Portugal, María Concepción Martínez Tejedor, Mercedes de la Fuente Torre, Pablo Blanco Fins y Marta Sánchez di Malta (LIP, INAP) en España, y Giulietta Marani, Corné Snoeij y Nitesh Bharosa (Digicampus) en los Países Bajos. Estos socios orientan y dirigen de forma decidida las actividades del proyecto, comparten conocimientos esenciales y coordinan las interacciones con los funcionarios públicos y las principales partes interesadas de sus países. A lo largo del proceso de redacción aportaron información e ideas indispensables, prestaron apoyo en la recogida de datos y la revisión del borrador, y acogieron actividades para la fase de investigación (como los talleres de cartografía sistémica). Nicole Donkers y Katiuska Tarquis-Marin (DG REFORM, Comisión Europea) proporcionaron orientación y apoyo constantes.

Índice

FIGURAS

TABLAS

RECUADROS

Resumen ejecutivo

Este estudio presenta una evaluación de cómo los "ecosistemas de innovación" de Portugal, España y los Países Bajos fomentan el uso de tecnologías emergentes para favorecer la participación ciudadana. Estos ecosistemas de innovación están integrados por la red de actores que colaboran en el desarrollo de nuevas tecnologías, productos o servicios con el fin de alcanzar objetivos comunes compartidos: en este caso, potenciar la participación ciudadana.

Este estudio destaca las características específicas de estos tres ecosistemas nacionales, señalando sus fortalezas y debilidades:

- En Portugal, los actores del sector público, en particular los ayuntamientos, son fundamentales para generar demanda de tecnologías emergentes en los procesos participativos e incentivarlas. Sin embargo, el uso de estas tecnologías sigue siendo relativamente limitado.
- España tiene un ecosistema segmentado en el que las Administraciones locales y las organizaciones de la sociedad civil ejercen el liderazgo para fomentar la participación facilitada por la tecnología, a menudo adaptada a necesidades regionales o sectoriales específicas.
- En los Países Bajos, las estrechas relaciones entre los actores de los sectores público y privado, del mundo académico y de la sociedad civil sustentan un ecosistema colaborativo en el que el sector privado suele liderar el desarrollo y la implantación de tecnologías participativas, mientras que los ayuntamientos actúan como promotores y patrocinadores clave.

El análisis también aporta información sobre el funcionamiento de estos ecosistemas de innovación en general:

- Los organismos gubernamentales nacionales y regionales proporcionan un entorno propicio para el desarrollo, adopción y uso de tecnologías emergentes para la participación ciudadana a través de orientaciones políticas, marcos normativos (por ejemplo, facilitadores de la experimentación) y mecanismos de incentivo. Sin embargo, los actores que trabajan en participación ciudadana y tecnologías emergentes en los tres países señalan que los Gobiernos nacionales podrían prestar más apoyo al desarrollo de tecnologías para la participación ciudadana.
- Las Administraciones localesa, en particular los ayuntamientos, son motores clave del ecosistema en los tres países, dada su proximidad a las necesidades y demandas de participación de los ciudadanos. Canalizan la demanda, la financiación y las oportunidades de experimentar con nuevos enfoques de participación ciudadana, colaborando regularmente con actores del sector privado, de la sociedad civil y del mundo académico.
- Las redes nacionales e internacionales alimentan estos ecosistemas facilitando el intercambio de nuevas ideas y enfoques para desarrollar nuevas tecnologías de participación ciudadana. La Red de Ayuntamientos Participativos (RAP) de Portugal y la Asociación de Municipios Neerlandeses (VNG) de los Países Bajos promueven y apoyan estos intercambios de conocimientos. A escala internacional, redes como el Observatorio Internacional de la Democracia Participativa (OIDP) y la Alianza para el Gobierno Abierto (OGP) dan mayor relieve a los enfoques participativos facilitados por la tecnología y proporcionan marcos de actuación.

Sin embargo, los actores de los ecosistemas de los tres países señalan retos comunes como la necesidad de formular una dirección estratégica orientada a la adopción de tecnologías emergentes para la participación a nivel nacional, la preocupación por la inclusión digital, y las limitadas capacidades del sector público para gestionar procesos participativos tecnológicos. Para abordar estas cuestiones:

- Los Gobiernos nacionales pueden ofrecer una dirección estratégica más clara, definir estándares compartidos y proporcionar al ecosistema un apoyo financiero sostenible. El ecosistema podría reforzarse con la creación de órganos de coordinación para conectar a los actores de los distintos niveles y garantizar la coherencia.
- Las Administraciones locales pueden recurrir al apoyo de organizaciones en red para impulsar la innovación, y compartir conocimientos y experiencias que faciliten la replicación y la ampliación de escala de las buenas prácticas. Los laboratorios de experimentación y otros espacios seguros para la innovación (por ejemplo, los *hubs* o polos de conocimiento) pueden mejorar las capacidades del sector público para facilitar, desarrollar e implementar nuevas iniciativas tecnológicas dirigidas a la participación.
- El ecosistema puede capitalizar las redes de colaboración multisectorial a nivel intranacional e internacional para fomentar el intercambio de conocimientos y ampliar la escala de las iniciativas existentes. La tecnología para la participación ciudadana debe desarrollarse siguiendo directrices éticas y con salvaguardias que garanticen la inclusión y la accesibilidad.

Esta cartografía sistémica identifica a los principales actores y muestra el entramado de relaciones y conexiones entre los ecosistemas de innovación de Portugal, España y los Países Bajos. Su utilidad radica en que dibuja estas relaciones con sus respectivas características, pone de relieve las barreras y los factores facilitadores, y aporta ideas clave que ayudan a los Gobiernos a aprovechar su ecosistema de innovación para utilizar tecnologías emergentes que favorezcan la participación ciudadana.

1 ¿Qué son los ecosistemas de innovación y por qué son relevantes para promover el uso de tecnologías emergentes que favorezcan la participación ciudadana?

Este capítulo introduce el concepto de los ecosistemas de innovación como marcos esenciales para promover el uso de tecnologías emergentes en la participación ciudadana. Describe los objetivos del estudio, haciendo hincapié en la importancia de cartografiar estos ecosistemas para ayudar a las Administraciones Públicas a fomentar prácticas participativas inclusivas y eficaces. También explica la relevancia de los ecosistemas de innovación para abordar los retos de la gobernanza y señala las ventajas de aprovechar la colaboración intersectorial. Concluye con una descripción general de la metodología utilizada para el método de cartografía sistémica aplicado en este estudio.

En un momento en que los Gobiernos se enfrentan a la pérdida de confianza de los ciudadanos y a las nuevas exigencias que estos plantean para opinar sobre las decisiones que afectan a sus vidas, actores de todo el sector público y de la sociedad en general colaboran en el desarrollo de nuevos enfoques para implicar a los ciudadanos en el diseño de las políticas y los servicios que les afectan. La Encuesta de Confianza de la OCDE determinó que las mayores brechas de confianza tienen su origen en la percepción de los ciudadanos de que carecen de influencia en las acciones de sus Gobiernos, de modo que el 69 % de quienes creen que sí tienen esa influencia dijeron confiar en su Gobierno, mientras que solo el 22 % de quienes creen que no tienen esa influencia dijeron lo mismo (OECD, 2024[1]). En el informe de la OCDE *Exploring New Frontiers of Citizen Participation in the Policy Cycle* (Explorando nuevas fronteras de la participación ciudadana en el ciclo político), se recomiendan medidas para lograr una participación significativa: integrar la participación ciudadana en la formulación de políticas, reducir las barreras para la participación ciudadana y aumentar la capacidad administrativa (OECD, 2024[2]). El reciente informe de seguimiento de la Iniciativa para el Refuerzo de la Democracia (RDI) de la OCDE invita a los países a hacer uso de las tecnologías emergentes para promover una participación más inclusiva, desarrollar las capacidades de los servicios públicos y reducir las barreras para la participación de los ciudadanos (OECD, 2024[3]). En trabajos recientes se ha aclarado aún más el papel que pueden desempeñar las tecnologías emergentes en la mejora de la participación ciudadana, presentando soluciones replicables para reducir las barreras a la participación, aumentar las capacidades gubernamentales y garantizar la rendición de cuentas (OECD, 2025[4]).

Las Administraciones Públicas generan la demanda de participación ciudadana y le dan legitimidad, pero el éxito de las iniciativas de participación que utilizan tecnologías digitales es el resultado de la aportación de conocimientos técnicos, relaciones y motivaciones provenientes de un amplio abanico de actores (OECD, 2023[5]) (Randma-Liiv, 2022[6]).

El Plan de Acción de la OCDE sobre la Transformación de la Gobernanza Pública para la Democracia Digital sugiere que el ecosistema de tecnologías emergentes para la participación ciudadana puede constituir una útil caja de herramientas para que los Gobiernos respondan a las oportunidades y los retos que la digitalización plantea a las democracias (OECD, 2024[3]).

Este estudio ofrece un ejemplo ilustrativo del papel que desempeñan los ecosistemas de innovación en el fomento del uso de las tecnologías digitales para la participación ciudadana. Aplicando un método de cartografía sistémica a tres contextos nacionales distintos, el estudio dibuja el entramado de relaciones entre los actores implicados en el desarrollo, adaptación y uso de las tecnologías emergentes y en la participación ciudadana. Este entramado de conexiones se conoce como el ecosistema de innovación de tecnologías emergentes para la participación ciudadana. Un ecosistema de innovación está formado por redes de actores que comparten un objetivo común (OECD, 2022[7]), en este caso la mejora de la participación ciudadana a través de las tecnologías emergentes. Los actores del ecosistema se clasifican en la "Cuádruple Hélice" de la innovación: el sector público, el sector privado, el mundo académico y la sociedad civil (Curley and Salmelin, 2013[8]).

Los ecosistemas de innovación surgen y se conforman en respuesta a factores internos y externos y cuentan con diferentes actores que desempeñan papeles distintos. El funcionamiento del ecosistema depende de la forma en que los actores participantes pueden coordinar sus recursos, capacidades y conocimientos técnicos para establecer y mantener un entorno en el que pueda prosperar la participación ciudadana facilitada por la tecnología. En el caso de la participación ciudadana, también viene determinada por las disposiciones legales, reglamentarias, políticas e institucionales de las instituciones públicas en las que tiene lugar. El conocimiento de lo que puede aportar cada actor y de los factores que facilitan y dificultan una acción y una colaboración eficaces puede hacer posible que los actores del ecosistema (incluida la Administración Pública) establezcan vínculos beneficiosos y resuelvan las discrepancias que impiden la innovación y la implementación.

En cuanto al ámbito específico de este estudio, la bibliografía existente muestra que la identificación de oportunidades de participación ciudadana y la presión para que se tengan en cuenta las aportaciones de los ciudadanos suelen provenir de actores de la sociedad civil (Steinbach, Sieweke and Süß, 2019[9]) capaces de impulsar una cultura de innovación y experimentación en la Administración Pública (Medina-García, de la Fuente and Van den Broeck, 2021[10]). De cara al desarrollo de innovaciones tecnológicas que favorezcan la participación ciudadana, un enfoque abierto y cocreativo puede ayudar a abordar los sesgos institucionales que pueden darse en el desarrollo de tecnologías verticales (de arriba abajo) en el sector público (Skaržauskienė and Mačiulienė, 2020[11]) y garantizar que las iniciativas de participación ciudadana sean inclusivas y consideradas legítimas por los ciudadanos participantes. La colaboración con actores del sector privado, el mundo académico y la sociedad civil puede ser crucial para ayudar a reforzar las capacidades del sector público en materia de innovación tecnológica, mientras que otras organizaciones no gubernamentales, como las fundaciones, pueden aportar financiación para desarrollar y experimentar con nuevos enfoques de participación ciudadana (Grobbink and Peach, 2020[12]).

Ámbito y objetivos

Este estudio se ha llevado a cabo en el marco del proyecto "Mejora de la participación ciudadana con tecnologías emergentes" que lideran Portugal, los Países Bajos y España con el apoyo de la Comisión Europea en el marco del Instrumento de Apoyo Técnico (IAT). El proyecto ayuda a Portugal, los Países Bajos y España a mejorar la participación ciudadana a través de las tecnologías emergentes, fomentando la capacidad de las Administraciones Públicas para explorar las ventajas potenciales de estas tecnologías para la participación ciudadana.

El principal objetivo de este estudio es mostrar cómo pueden utilizarse los ecosistemas de innovación para catalizar el desarrollo de tecnologías emergentes que mejoren la participación ciudadana. A través de una cartografía sistémica aplicada a Portugal, España y los Países Bajos, este estudio dibuja las relaciones entre las principales partes interesadas, pone de relieve las barreras y los factores facilitadores, y da ideas sobre las oportunidades y desafíos que los Gobiernos deben gestionar para trabajar con los actores del ecosistema de innovación a través de los sectores público y privado, de la sociedad civil y del mundo académico. El estudio ofrece un ejemplo ilustrativo de un enfoque metodológico que puede seguir perfeccionándose y consolidándose, al tiempo que proporciona un apoyo específico a los objetivos de este proyecto.

En el estudio se aplicó una estrategia de investigación metodológica mixta, con trabajo de documentación, encuestas (Encuesta de Cartografía Sistémica), entrevistas y talleres en los tres países (véase una panorámica de los objetivos y métodos de investigación en el Anexo A), que permitió la evaluación comparativa de prácticas eficaces y retos comunes en estos contextos. La generación de mapas de redes, mediante un software específico, permite presentar una visualización de los actores y conexiones relevantes en cada país con vistas a encuadrar y afinar el análisis de los ecosistemas de innovación. Las recomendaciones prácticas para los Gobiernos se fundamentan en información basada en datos contrastados obtenida a partir de este método de cartografía sistémica.

Enfoque y estructura

Los puntos focales de este estudio son los ecosistemas de actores con potencial para contribuir al desarrollo de tecnologías emergentes para la participación ciudadana en Portugal, España y los Países Bajos. Por ello, el estudio se estructura de la siguiente manera:

- El capítulo 1 responde a la pregunta ***¿Qué son los ecosistemas de innovación y por qué son relevantes para promover el uso de tecnologías emergentes que favorezcan la participación***

ciudadana? Esta introducción establece los objetivos del estudio y explica por qué la cartografía de los ecosistemas de innovación es útil para los Gobiernos y los actores de los ecosistemas.

- A continuación, el capítulo 2, titulado ***Ecosistemas de innovación para la participación ciudadana y las tecnologías emergentes: perspectivas de Portugal, España y los Países Bajos***, profundiza en el ecosistema de cada país. Este capítulo explora los ecosistemas nacionales para la participación ciudadana, con detalles sobre el contexto de dicha participación y las tecnologías emergentes en cada país, ofrece una panorámica de la configuración del ecosistema e información sobre las funciones que desempeñan los distintos actores, y destaca los puntos de apalancamiento que los Gobiernos pueden utilizar para potenciar el desarrollo de la participación ciudadana y las tecnologías emergentes.
- Por último, el capítulo 3, con el título ***¿Qué pueden hacer los Gobiernos para mejorar el ecosistema de innovación para la participación ciudadana utilizando tecnologías emergentes?***, ofrece una evaluación comparativa de los ecosistemas de cada país y señala medidas que las Administraciones Públicas pueden adoptar para potenciar los ecosistemas de innovación para la participación ciudadana utilizando tecnologías emergentes que son de más amplia relevancia. Concluye con posibles orientaciones futuras para esta investigación.
- Los **anexos** del estudio incluyen una breve descripción de la **metodología** utilizada en la cartografía sistémica (Anexo A), con la expectativa de que estas exploraciones sobre el terreno en tres países puedan constituir un ejemplo demostrativo de su utilidad y sentar las bases para el ulterior perfeccionamiento y consolidación de este enfoque de los ecosistemas de innovación. También incluye una **breve mirada al ecosistema transnacional a escala europea** (Anexo B), que presenta una visión general de los retos y oportunidades para el desarrollo y mejora de las tecnologías participativas que se identificaron en la sesión colaborativa organizada con actores internacionales para explorar y trasladar las realidades de las iniciativas transfronterizas.
- Al final de esta publicación figura un **Glosario** en el que se definen los términos y conceptos clave utilizados.

2 Ecosistemas de innovación para la participación ciudadana y las tecnologías emergentes: perspectivas de Portugal, España y los Países Bajos

El capítulo 2 ofrece una panorámica de los ecosistemas de innovación de tecnologías emergentes para la participación ciudadana en Portugal, España y los Países Bajos. Contextualiza el panorama tecnológico y la tradición de participación ciudadana de cada país, y ofrece un mapa visual de sus respectivos ecosistemas de innovación de tecnologías emergentes para la participación ciudadana. A continuación, examina estos ecosistemas a través del marco de la cuádruple hélice —sector público, sector privado, organizaciones de la sociedad civil y mundo académico—, destacando los actores clave y sus funciones y contribuciones al ecosistema. El capítulo concluye señalando oportunidades para que las autoridades públicas de cada ecosistema refuercen el uso de las tecnologías emergentes para potenciar la participación ciudadana.

Este capítulo presenta los resultados de la exploración de los ecosistemas de innovación de tecnologías emergentes para la participación ciudadana en Portugal, España y los Países Bajos. El análisis de cada país tiene la siguiente estructura:

- **En primer lugar, una sección sobre antecedentes y contexto** para ofrecer una visión general del contexto histórico, administrativo, jurídico, social y cultural de la participación ciudadana y de cómo la tecnología puede potenciarla.
- **En segundo lugar, la sección sobre la configuración del ecosistema** ilustra los componentes clave de este, destacando las iniciativas clave, los actores y las redes que promueven la innovación, la gobernanza y las normas que estimulan la colaboración, así como el grado de adopción de la tecnología.
- **En tercer lugar, el estudio profundiza en las funciones específicas de los actores clave[1] y sus experiencias** en el apoyo al diseño y adopción de tecnologías emergentes para la participación ciudadana.
- **Por último, el estudio señala algunos puntos de apalancamiento** (Meadows, 1999[13]), que indican posibles acciones que los Gobiernos pueden llevar a cabo para intervenir en cada ecosistema.

Portugal

La participación ciudadana en Portugal se ha consolidado desde la Revolución de los Claveles de 1974 (Falanga, 2018[14]). Las libertades cívicas que hacen posible la participación están consagradas en la Constitución Portuguesa (OECD, 2023[15]). La Agencia de Modernización Administrativa (AMA) desempeña un papel clave en el fomento y apoyo de la participación ciudadana y la innovación en el sector público. En 2017, Portugal se unió a la Alianza para el Gobierno Abierto y, en 2021, adoptó los Principios Rectores para un enfoque de los servicios públicos basado en los derechos humanos (en adelante, los Principios Rectores). Estos principios orientan a los responsables políticos para que involucren a los ciudadanos en el desarrollo de los servicios públicos (OECD, 2023[15]).

Portugal es un país precursor en métodos innovadores para sustentar la participación ciudadana, con el uso de plataformas digitales específicas y la aprobación del primer presupuesto participativo nacional del mundo en 2017 (Falanga and Ferrão, 2021[16]). El modelo de presupuesto participativo de Lisboa, establecido en 2007, ha sido adoptado en numerosos municipios. Los ciudadanos pueden participar en línea, a través de una plataforma digital específica creada por el Ayuntamiento; en persona, a través de las Asambleas Participativas, un mecanismo de participación para debatir propuestas que afectan a los ciudadanos que permite la reflexión y el debate colectivos; y desde 2013, por SMS (Allegretti and Antunes, 2014; Falanga, 2018). El Presupuesto Participativo Nacional (PPN) invitó a los ciudadanos a proponer y votar proyectos, con la posibilidad de asignar recursos del presupuesto público en sus dos primeras ediciones. Sin embargo, el PPN se suspendió en 2019 (Falanga, 2023[17]). La plataforma de código abierto participa.gov, lanzada en 2021 y gestionada por la AMA, es una herramienta central que facilita las iniciativas de participación ciudadana y explora el uso de la cadena de bloques como tecnología de preservación de la confianza. Recientemente, la OCDE cartografió cuatro procesos deliberativos en Portugal, en particular, el Consejo Ciudadano de Lisboa, una Asamblea permanente que ha formulado recomendaciones sobre el cambio climático y la adaptación urbana (OECD, 2023[15]).

Los esfuerzos por digitalizar los procesos en la Administración Pública, incluida la participación ciudadana, se enfrentan al reto de que los ciudadanos tienen bajos niveles de competencia digital. Aunque programas como INCoDe han tratado de potenciar el desarrollo y las competencias digitales a través de una serie de políticas integradas (OECD, 2023[15]), muchos entrevistados mencionan la brecha digital como una de sus preocupaciones. Solo el 41 % de la población de Portugal utilizó servicios públicos en línea en 2021 (Eurostat, 2023[18]), y solo el 56 % de la población tiene competencias digitales de nivel básico o por encima de este nivel (Eurostat, 2023[19]). Portugal ocupa el 15.º puesto de los 27 Estados miembros de la Unión Europea (UE) en la edición de 2022 del Índice de la Economía y la Sociedad Digitales (DESI) y también es decimoquinto en cuanto al uso de los servicios públicos digitales o la administración electrónica (European Commission, 2022[20]). Entre otras iniciativas, el Gobierno de Portugal puso en marcha en 2022 el proyecto "Eu Sou Digital" (Yo soy digital) para promover la alfabetización y la inclusión digitales.

Aunque el aumento de la participación electoral en Portugal es una tendencia democrática positiva, la polarización de los discursos y la falta de confianza en el Gobierno plantean retos para la participación ciudadana. En 2023, el 32 % de los portugueses declararon tener una confianza alta o moderadamente alta en el Gobierno central, por debajo de la media de la OCDE del 39 % (OECD, 2024[21]). Los entrevistados en esta investigación señalan la falta de confianza como una barrera clave para la participación ciudadana en general y para el uso de tecnologías emergentes en la participación ciudadana en particular.

Los participantes en la Encuesta de Cartografía Sistémica, incluidas las organizaciones públicas, están explorando una serie de tecnologías para potenciar la participación ciudadana. Las tecnologías que la mayoría de los encuestados están utilizando o desarrollando activamente o considerando aplicar son la IA generativa (39 %), el código abierto (36 %) y la tecnología de preservación de la privacidad y la ciberseguridad (31 %). En algunas entrevistas se habla de la cadena de bloques como una tecnología valiosa para garantizar procesos de participación ciudadana fiables, mientras que se espera que la IA ayude con el análisis de las propuestas ciudadanas. En 2019, el Gobierno de Portugal fue pionero en la modernización de la Administración Pública con el uso ético de la IA, mediante la adopción de la estrategia "IA Portugal 2030" (Government of Portugal, 2019[22]).

Configuración del ecosistema de innovación de tecnologías emergentes para la participación ciudadana en Portugal

A partir de las respuestas a la Encuesta de Cartografía Sistémica, se generó la siguiente visualización en red para mostrar la posición relativa (nodos) y la naturaleza de las conexiones (aristas) entre los actores del ecosistema de innovación de tecnologías emergentes para la participación ciudadana en Portugal.

Figura 2.1. Visualización en red del ecosistema portugués de participación ciudadana y tecnologías emergentes

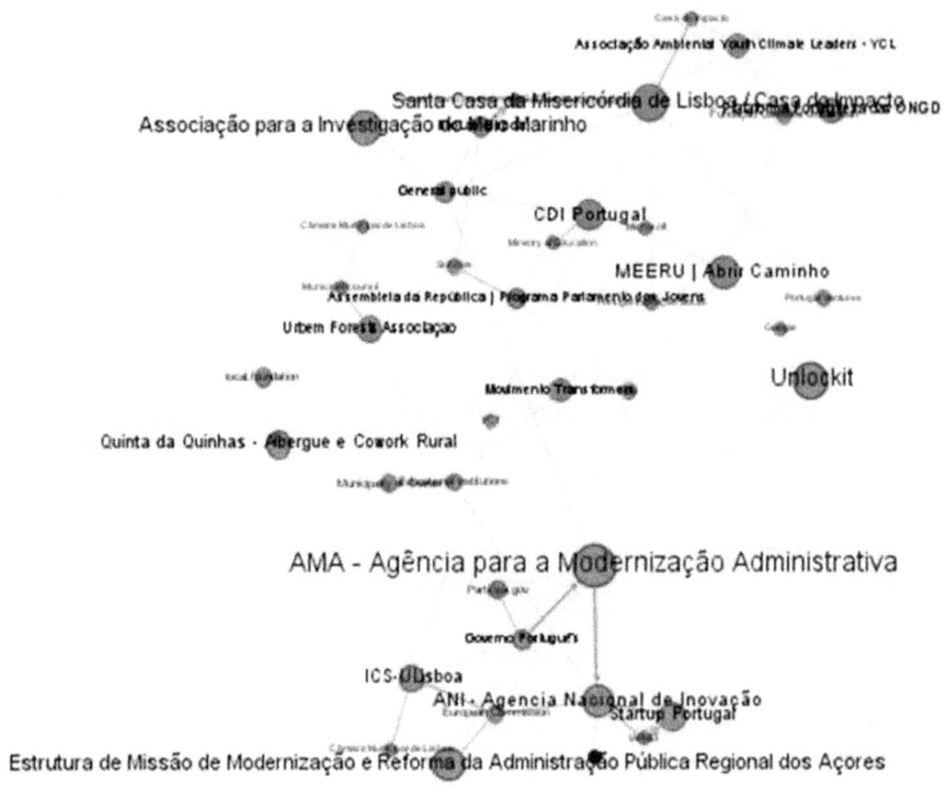

	Clave: Nodos
	El sector público
	El sector privado
	La sociedad civil
	El mundo académico
	Otros

	Clave: Aristas
	Colaborador
	Proveedor
	Financiador
	Gobernador
	Cliente o usuario
	Orquestador o convocante
	Otros

Nota: Este gráfico debe considerarse un complemento de otras fuentes de información y análisis. Se ha aplicado un filtro para incluir únicamente actores con dos o más conexiones. El tamaño del nodo es proporcional al número de conexiones identificadas. Los encuestados podrían aparecer más influyentes en el gráfico de la red añadiendo un gran número de conexiones. El estudio se validó pidiendo a los encuestados que destacaran a los actores influyentes en cada categoría de la cuádruple hélice. Se puede acceder a los archivos originales aquí.

Fuente: OCDE sobre la base de las respuestas a la encuesta.

A pesar de los altos niveles de actividad y apoyo a la participación ciudadana, las iniciativas están fragmentadas y el uso de la tecnología para la participación ciudadana es limitado. La mayoría de las iniciativas de participación ciudadana son encargadas por los ayuntamientos y tienen lugar a nivel local. Las organizaciones de la sociedad civil (OSC) prestan apoyo y actúan como intermediarias entre los ciudadanos y los ayuntamientos. Mientras Portugal ocupa el puesto 11 en el Índice de Gobierno Digital, en la dimensión de apertura por defecto se sitúa en el puesto 19, por debajo de la media de la OCDE (OECD, 2024[23]). La Red de Ayuntamientos Participativos (Rede de Autarquias Participativas o RAP), de cuya coordinación se encarga la ONG sin ánimo de lucro Oficina, facilita el intercambio de conocimientos para la participación ciudadana. Concede un premio anual para establecer y mejorar buenas prácticas en este ámbito. No obstante, la información sobre las iniciativas de participación está fragmentada, y un entrevistado clave sugiere que las tecnologías para la participación ciudadana pueden ser contraproducentes ante los actuales niveles de confianza de los ciudadanos en las instituciones públicas en Portugal.

Aunque la participación ciudadana es una prioridad para la Administración Pública a nivel nacional, las iniciativas para ponerla en práctica, integradas con tecnología o no, siguen estando fragmentadas y son susceptibles de consolidación ulterior. Ejemplos de este tipo de iniciativas son el Presupuesto Participativo Nacional y participa.gov, la plataforma nacional de procesos participativos. En el sector privado, las redes lideradas por organizaciones como StartUp Portugal, 351 Asociación Portuguesa de Startups y Casa do Impacto (a su vez derivada de la organización del tercer sector Santa Casa da Misericórdia) desempeñan un papel importante en el impulso a la innovación tecnológica de impacto social, incluida la participación ciudadana. Sin embargo, muy pocas startups (empresas emergentes) han explorado las tecnologías emergentes con este fin, lo que refleja las conclusiones del GovTech Index 2020 de que Portugal tiene "un número significativamente menor de startups tecnológicas en general, y de startups GovTech en particular, que otros países que ocupan los primeros puestos [en GovTech] como España y Brasil" (CAF and Oxford Insights, 2020[24]).

Aunque las iniciativas lideradas por las Administraciones locales promueven la interacción en todo el ecosistema de innovación, la falta de apoyo gubernamental sostenido da lugar a una cultura de competencia, en lugar de colaboración, entre las organizaciones del sector privado y la sociedad civil. Las iniciativas participativas a nivel municipal promueven la colaboración entre los sectores público y privado, el mundo académico y la sociedad civil. Sin embargo, estos proyectos a menudo no se mantienen, lo que genera incertidumbre en el sector privado y en las organizaciones de la sociedad civil que operan en este ámbito. Según algunos entrevistados, esto ha generado una cultura de competencia por unos recursos escasos que frena la colaboración y la innovación.

Los actores de los ecosistemas en Portugal expresaron su deseo de que el Gobierno desempeñe un papel más importante en la promoción de la participación ciudadana a través de estrategias, agendas y planes nacionales, mejorando la financiación y creando plataformas para el trabajo en red y la colaboración. Los entrevistados señalan las estrategias a largo plazo y la financiación como oportunidades clave para seguir reforzando la colaboración entre organismos gubernamentales y no gubernamentales en materia de tecnologías emergentes para la participación, y para garantizar un progreso sostenible en la innovación en materia de participación ciudadana. Se destaca la colaboración en el ámbito de Portugal y a escala internacional como fuente de importantes oportunidades para desarrollar y ampliar innovaciones.

Tabla 2.1. Funciones de los ecosistemas en Portugal

Función	Principales actores y contribuciones
Liderazgo estratégico y gobernanza	• **AMA, la Agencia para la Modernización Administrativa,** es responsable de una gran variedad de iniciativas que afectan a la participación ciudadana, incluido el foro multilateral para la Alianza de Gobierno Abierto. • La mayoría de las iniciativas de participación ciudadana se producen a nivel local, y los **ayuntamientos** fijan sus objetivos y criterios en cada caso. • La **financiación** de iniciativas, programas y herramientas de participación ciudadana corre a cargo de las **Administraciones Públicas** que los encargan y utilizan, así como de **fundaciones** como la Fundación Calouste Gulbenkian y la Santa Casa da Misericórdia de Lisboa, tal y como destacaron los encuestados y los participantes en los talleres.
Ejecución operativa	• La facilitación de los procesos participativos corre a cargo, en gran medida, de los **ayuntamientos**, con el apoyo de organizaciones no gubernamentales y **organizaciones de la sociedad civil** como Oficina, In Loco y Forum dos Cidadãos.
Implicación y representación de las comunidades	• Un amplio abanico **de partes interesadas de la sociedad civil**, como el Centro de Inclusión Digital (CDI), se encargan de que las comunidades se impliquen de manera efectiva y que las iniciativas de participación ciudadana sean inclusivas.
Innovación y suministro de tecnología	• El desarrollo y suministro de herramientas de participación que emplean tecnología es limitado. En el **sector público**, las plataformas participa.gov y participa.pt son gestionadas por la AMA y la Secretaría General del Ministerio de Medio Ambiente respectivamente. MyPolis, **un proveedor del sector privado**, también suministra herramientas.
Desarrollo de capacidades y gestión del conocimiento	• **LabX** y la **RAP** impulsan el desarrollo de capacidades para la participación ciudadana en el sector público mediante la creación de directrices. El Instituto Nacional de Administración (INA), ofrece a la Administración Pública formación sobre participación. • La creación de conocimiento, que abarca el ensayo de métodos de participación ciudadana, suele producirse a través de iniciativas que involucran a actores de múltiples sectores, **en particular los centros de investigación**. Dentro de estos, los actores del mundo académico facilitan la colaboración y llevan a cabo investigaciones para explorar y evaluar las repercusiones de métodos innovadores de participación ciudadana. Entre ellas están la Escuela de Gestión de Información de la Universidad de Nova (Nova IMS) en Lisboa, y el Centre for Responsible AI de Portugal, que reúne a empresas emergentes, centros de investigación, abogados y líderes industriales para explorar cómo puede utilizarse la inteligencia artificial con criterios éticos en diversas aplicaciones.
Desarrollo y fortalecimiento de los ecosistemas	• El fortalecimiento de las relaciones dentro del ecosistema de innovación se produce **en el ámbito municipal a través de la RAP**, y **en el ámbito internacional a través del Observatorio Internacional de la Democracia Participativa** (OIDP). • **Las empresas emergentes y el mundo académico** establecen conexiones y comparten conocimientos a través de **redes** como 351 Portuguese Startup Association y Casa do Impacto, así como centros de investigación como el Centre for Responsible AI.

Actores del ecosistema: funciones, contribuciones y experiencias

El sector público

Los organismos de la Administración central influyen en el ecosistema de tecnologías emergentes para la participación ciudadana convocando a los actores, estableciendo normas y aportando orientaciones, herramientas y conocimientos técnicos. La AMA es señalada por la mayoría de los encuestados como un actor influyente en el ecosistema de tecnologías emergentes para la participación ciudadana, ya que lidera iniciativas clave como participa.gov, una plataforma en línea para la participación ciudadana y la coordinación del foro multilateral para la Alianza de Gobierno Abierto. LabX, que forma parte de la AMA, establece directrices, marcos y herramientas para ayudar a los actores del sector público a emprender iniciativas de participación ciudadana e incorporar las aportaciones de los ciudadanos a sus planes y actividades. La Agencia Nacional de Innovación de Portugal (ANI), es el segundo actor en influencia mencionado por los encuestados. La organización distribuye la financiación y publicita las convocatorias abiertas, que pueden incluir aspectos de participación ciudadana, como la Nueva Bauhaus Europea. El Instituto Nacional de Administración (INA), ofrece a la Administración Pública formación sobre participación.

Los ministerios sectoriales y las iniciativas a nivel nacional incorporan y promueven la participación ciudadana para temas o grupos demográficos específicos. El Ministerio de Medio Ambiente alberga su propia plataforma de participación ciudadana para consultas sobre planificación: participa.pt. Se ha puesto claramente el foco en la participación de los jóvenes, como demuestran iniciativas como Academia Participo!, gestionada por la Comisión de Ciudadanía e Igualdad de Género (CIG) (Comissão para a Cidadania e a Igualdade de Género (CIG), 2021[25]), los Presupuestos Participativos para las Escuelas y los Presupuestos Participativos de la Juventud Portuguesa (Dias et al., 2021[26]). Sin embargo, existen otras oportunidades para garantizar un apoyo sostenido, ya que tanto los Presupuestos Participativos de la Juventud Portuguesa como los Presupuestos Participativos Nacionales se suspendieron en 2019.

Sin embargo, la mayoría de las iniciativas de participación ciudadana se ponen en marcha en el nivel municipal o local. La Red de Ayuntamientos Participativos (RAP), creada en 2014 como resultado del proyecto "Portugal Participa: Caminhos para a Inovação Social", permite compartir experiencias y promover conocimientos acerca de prácticas participativas entre sus más de setenta miembros. Concede un premio anual a las Buenas Prácticas de Participación (Oficina, n.d.[27]).

Los actores del sector público mencionan la falta de confianza de la ciudadanía como la principal barrera para la participación ciudadana en Portugal. Así lo destaca el 73 % de los encuestados del sector público. Otros retos son el insuficiente apoyo político (64 %), el acceso a la financiación (64 %), los procedimientos normativos (55 %) y la capacidad de involucrar a Gobiernos y funcionarios (55 %).

Los actores del sector público acuden al ecosistema general para relacionarse con los ciudadanos y tener acceso a conocimientos especializados y nuevas ideas y perspectivas. Expresan su preferencia por los métodos presenciales, pero exploran y aplican otras tecnologías en circunstancias concretas, como la incorporación de la cadena de bloques en participa.gov para eliminar el fraude en el voto. El sector público destaca la necesidad de reforzar los programas de formación digital en las zonas rurales para garantizar una participación ciudadana más inclusiva. No obstante, los entrevistados destacan la importancia de los métodos presenciales de participación ciudadana para garantizar la inclusión y la deliberación efectiva.

El sector privado

Las redes del sector privado lideradas por organizaciones como 351 Portuguese Startup Association y Casa do Impacto desempeñan un papel importante en el impulso de la innovación tecnológica para la participación ciudadana. Sin embargo, son muy pocas las organizaciones del sector privado que trabajan en el desarrollo de nuevas herramientas que puedan utilizarse para la participación ciudadana. Entre los principales actores figuran MyPolis, que desarrolla herramientas de democracia participativa centradas en los jóvenes, y eSolidar, una plataforma de participación para empresas y asociaciones.

Los actores del sector privado están motivados para colaborar con otros actores del ecosistema por nuevas ideas y perspectivas, el apoyo a la cooperación con otras partes interesadas, el acceso a los ciudadanos y el acceso a la información. Sin embargo, según los entrevistados, la financiación es un reto clave, ya que la percepción de una demanda débil y la falta de recursos crean una cultura de competencia, en lugar de colaboración, y reducen el acceso al talento. El pequeño tamaño del mercado portugués y la falta de iniciativas sostenidas limitan las posibilidades de ampliación de escala de la actividad del sector privado.

Las organizaciones del sector privado están experimentando con la IA, la cadena de bloques y la realidad aumentada. Se está explorando la IA como apoyo a la traducción automática, mientras que se considera que la cadena de bloques fomenta la transparencia y la confianza.

El mundo académico

Los actores del mundo académico aportan conocimientos especializados, promueven la colaboración y la innovación y crean conocimiento mediante la evaluación de las iniciativas de participación ciudadana.

Algunos ejemplos son el Forum dos Cidadãos, creado por académicos asociados a la Universidade Nova de Lisboa y al Instituto Gulbenkian de Ciência (Fórum dos Cidadãos, n.d.[28]), la Universidad de Aveiro, que ha ensayado métodos participativos de planificación estratégica, (Wolf, Nogueira and Borges, 2021[29]) y "Portugal Participa: Caminhos para a Inovação Social", una asociación entre una ONG y el Centro de Estudios Sociales (CES Universidad de Coimbra) financiada por la Fundación Calouste Gulbenkian, que fue evaluada por el Instituto de Ciências Sociais de la Universidade de Lisboa. (Falanga and Ferrão, 2021[16]).

Los actores del mundo académico exploran las oportunidades y el impacto de la tecnología en la sociedad civil y en el ámbito de la participación ciudadana. El Laboratorio de Inteligencia Artificial, Comunicación y Democracia de Nova IMS estudia cómo la inteligencia artificial puede potenciar la participación ciudadana y mejorar las relaciones entre el Gobierno y los ciudadanos (AI, Communication & Democracy Lab, 2024[30]). En los centros de investigación de I+D, como el Centre for Responsible AI, los académicos colaboran con organizaciones del sector privado para desarrollar y ensayar nuevas tecnologías de interés para la participación ciudadana.

Los actores del mundo académico reconocen las ventajas de la colaboración intersectorial, pero destacan la falta de acceso a recursos humanos como un reto clave. La colaboración con el sector privado se considera un motor de innovación y conocimiento. Se considera necesaria una mayor colaboración en toda Europa para ampliar la escala de las nuevas aplicaciones de la tecnología. Se menciona que las dificultades que encuentra el mundo académico para atraer y retener recursos humanos son un reto clave, ya que se considera que las carreras académicas no son competitivas.

La sociedad civil

Las OSC desempeñan un papel clave en Portugal como proveedoras confiables de apoyo y servicios a los ciudadanos, a menudo como intermediarias con el Gobierno. Abarcan una gran variedad de actividades y son reconocidas como socias importantes en la ejecución de iniciativas como la Alianza para el Gobierno Abierto. Los ayuntamientos colaboran habitualmente con ellas para implicar a los ciudadanos en iniciativas de participación ciudadana, como la regeneración de barrios en Oporto (Falanga and Ferrão, 2021[16]).

Las OSC promueven la inclusión, empoderan a los ciudadanos y exigen rendición de cuentas al Gobierno, desempeñando un papel clave en la supervisión del uso que la Administración Pública hace de la tecnología. Defienden a comunidades específicas y se pronuncian sobre cuestiones relevantes en el ámbito de lo digital y de la participación, que van desde la inclusión digital y la privacidad de los datos hasta el compromiso cívico y el desarrollo de capacidades. Organizaciones como el Centro de Inclusión Digital (CDI) llevan a cabo proyectos que promueven la alfabetización digital y la ciudadanía activa, competencias esenciales para participar e interactuar con las plataformas digitales.

Las OSC prestan apoyo a la Administración Pública para el diseño y ejecución de iniciativas de participación ciudadana. Algunos ejemplos son el liderazgo de In Loco en el proyecto PP y la coordinación de la red RAP por parte de Oficina, así como la aportación de herramientas y orientaciones para mejorar la participación ciudadana (Falanga and Ferrão, 2021[16]).

Determinadas organizaciones aportan y distribuyen financiación para iniciativas que promueven la ciudadanía activa y la participación ciudadana. Por ejemplo, la Fundación Calouste Gulbenkian financió el proyecto Portugal Participa entre 2014 y 2016. Actualmente gestiona el Fondo Ciudadanos Activos, con la financiación de convocatorias anuales entre 2018-2022 mediante una combinación de EEA Grants y recursos propios de la Fundación.

A pesar de su importancia, la limitada financiación y las barreras administrativas crean una incertidumbre que erosiona la voluntad de las OSC de colaborar con el sector público en materia de participación ciudadana. Un problema adicional mencionado por los entrevistados es el pequeño tamaño del sistema portugués de participación ciudadana, lo que significa que no hay muchas ocasiones estructuradas y solo recursos limitados para replicar y ampliar la escala de los enfoques. Esta situación es similar a la que experimentan los actores del sector privado.

Las OSC colaboran con otros actores del ecosistema para mejorar su reconocimiento y perfil público, así como para obtener nuevas ideas y perspectivas. Para las OSC, el ecosistema es un importante facilitador del trabajo en red y del acceso a "recursos como financiación y conocimientos de otras organizaciones y sectores" (entrevistado 57, organización de la sociedad civil), así como a la infraestructura digital.

Pocas OSC exploran o utilizan tecnologías emergentes, aunque algunas, como Coletivo Matéria, utilizan herramientas de IA. La mayoría confía en las herramientas digitales convencionales para la comunicación y la colaboración.

Recuadro 2.1. Puntos de vista de los ciudadanos: Portugal

Este proyecto contó con un taller presencial en Cascais en el que participaron jóvenes de 18 a 28 años para compartir sus experiencias en cuanto a los factores que facilitan o dificultan la participación ciudadana. Los participantes se dividieron en grupos para someterse a dos rondas de planteamiento de problemas. La primera consistió en nombrar las principales debilidades de la participación ciudadana que ellos mismos experimentan a partir de una especificación común del problema por medio de la herramienta "Challenge Canvas". La fase final consistió en utilizar técnicas de prototipado rápido para generar posibles soluciones a estos problemas mediante materiales de prototipado tangibles, como bloques de construcción.

Los participantes destacaron positivamente experiencias recientes de compromiso democrático, en las que recibieron información clara y comunicaciones a través de las redes sociales. Por el contrario, señalaron que la mala comunicación con la Administración Pública y la falta de información sobre temáticas y oportunidades de participación ciudadana afectaban negativamente a la participación.

Áreas de oportunidad para que los poderes públicos potencien el uso de las tecnologías emergentes para la participación ciudadana

- **Adoptar una dirección estratégica y unos objetivos claros:** Los actores señalan una falta de orientación estratégica sobre la adopción de tecnologías emergentes para las iniciativas de participación ciudadana, lo que genera incertidumbre y competencia en lugar de colaboración. Los Planes de Acción de Gobierno Abierto de Portugal podrían utilizarse para debatir y establecer objetivos nacionales claros en materia de participación ciudadana e integración de tecnologías emergentes, ganando legitimidad en el foro multilateral.
- **Establecer reglas y estándares para el uso de la tecnología:** Basándose en el trabajo de la AMA (LabX), las directrices y normas para la ejecución de iniciativas de participación ciudadana y el uso de tecnologías emergentes podrían crear expectativas y garantizar que la participación se lleve a cabo con eficacia. La participación de las OSC puede ayudar a garantizar que la inclusión sea una prioridad clave. Aprovechar el trabajo de instituciones académicas, como la Universidade Nova y el Centre for Responsible AI, podría ayudar a establecer directrices prácticas y éticas para la aplicación de tecnologías emergentes en este ámbito.
- **Mejorar los flujos de información y los circuitos de retroalimentación:** La mala comunicación y la falta de información destacadas por los ciudadanos y las OSC pueden corregirse con una mejor comunicación sobre las oportunidades de participación y mecanismos para demostrar la influencia y la incidencia de la participación ciudadana en la toma de decisiones. Una comunicación más amplia y la expansión de iniciativas de reconocimiento, como el premio RAP a

las Buenas Prácticas de Participación, podrían promover la adopción y la innovación de la participación ciudadana tanto por parte de la Administración Pública como de la sociedad civil.

- **Establecer mecanismos de financiación sostenibles:** Los actores destacan que la financiación limitada crea incertidumbre y erosiona la voluntad de colaboración entre las OSC. La colaboración y la innovación podrían fomentarse mediante mecanismos de financiación sostenibles para iniciativas de participación ciudadana y tecnologías afines vinculadas a objetivos nacionales claros.
- **Reforzar y ampliar la estructura del ecosistema:** Los actores destacan que Portugal ofrece oportunidades limitadas para ampliar la escala de los enfoques y las tecnologías de participación ciudadana. Los esfuerzos para aprovechar las cadenas de valor mundiales pueden promover la ampliación de escala e incentivar actividades ulteriores. Las iniciativas participativas locales que han tenido éxito en Portugal, como las iniciativas de presupuestos participativos a nivel municipal, podrían estudiarse más a fondo como base para ampliar la escala de los enfoques participativos a nivel nacional o aplicar transversalmente las lecciones aprendidas de ellos a otros instrumentos participativos.

España

Desde la transición de España a la democracia, el país ha tenido una sólida historia de gobernanza participativa impulsada por la sociedad civil a nivel local. La Constitución de 1978 consolidó los esfuerzos para implicar a los ciudadanos en el proceso democrático. Durante la década de 1980, se establecieron herramientas y mecanismos de participación formalizada bajo la presión de las organizaciones vecinales (Brugé, Font and Gomà, 2003[31]). Instrumentos legislativos clave, como la Ley Reguladora de las Bases de Régimen Local de 1985 y la Ley de Medidas para la Modernización del Gobierno Local de 2003, establecieron marcos para la participación ciudadana e instaron a las entidades locales a adaptar sus normativas. La adhesión a la UE en 1986 llevó a España a armonizar todavía más sus prácticas participativas con las normas europeas. A nivel nacional, iniciativas como la Alianza para el Gobierno Abierto (a la que se adhirió en 2011) y el Foro de Gobierno Abierto (creado en 2018) han fomentado la colaboración entre la Administración y la sociedad civil con el fin de fijar objetivos, compartir experiencias y promover buenas prácticas en materia de participación ciudadana, en particular a través de plataformas de participación digital y laboratorios de innovación. Los informes de la OCDE sobre Gobierno Abierto y fomento de la democracia deliberativa en España ponen de relieve una fuerte cultura de innovación a nivel subnacional (OECD, 2024[32]; OECD, 2019[33]). Por ejemplo, la OCDE cartografió quince procesos deliberativos en España, entre ellos las recientes Asambleas Ciudadanas del País Vasco sobre salud mental y cambio climático (OECD, 2024[32]).

Los movimientos sociales que utilizan las tecnologías digitales impulsaron la innovación y la adopción de la participación ciudadana en la década de 2010. Se exigió mayor transparencia, rendición de cuentas y participación ciudadana en la gobernanza. Las colaboraciones entre los actores implicados en estos movimientos y la Administración Pública condujeron al desarrollo de nuevos métodos de participación ciudadana, especialmente a nivel municipal, con innovaciones como Decidim y Consul Democracy, que surgieron a nivel local. La participación de los ciudadanos en la política municipal se ha diversificado y en los últimos años han florecido innovaciones como los presupuestos participativos, las encuestas deliberativas, las asambleas ciudadanas y los consejos o foros locales (Hernandez, 2018[34]). Como reflejo de la consolidación de su apertura, España es el séptimo país de la OCDE en la dimensión "Abierto por defecto", mientras que se posiciona decimoquinto en el Índice de Gobierno Digital global (OECD, 2024[23]).

España tiene un alto nivel de digitalización, servicios públicos digitales y conectividad, lo que constituye una buena base para el desarrollo y la implantación de nuevas tecnologías para la participación ciudadana. España ocupa el 7.º puesto de los 27 Estados miembros de la Unión Europea (UE) en la edición de 2022 del Índice de la Economía y la Sociedad Digitales (DESI) y está entre los primeros países europeos en conectividad (3.º) y en el uso de los servicios públicos digitales o la administración electrónica (5.º) (European Commission, 2022[35]).

Los casos de éxito en el uso de tecnologías para la participación ciudadana están arraigados en contextos locales que albergan ecosistemas tecnológicos con interacciones dinámicas entre actores. La capacidad del país para fomentar herramientas innovadoras de participación ciudadana queda patente en la aparición de dos iniciativas para la democracia digital: Consul, desarrollada en Madrid, y Decidim, en Barcelona, cuyo objetivo es facilitar plataformas digitales de participación y ofrecer canales presenciales de interacción. Estas herramientas se han replicado en muchos países y niveles de gobierno, incluida la Unión Europea (Generalitat de Catalunya and Political Watch, 2022[36]). España es el país de la región iberoamericana mejor clasificado en el Índice GovTech 2020 (CAF and Oxford Insights, 2020[24]). Según este estudio, España cuenta con indicadores elevados en los tres pilares analizados: la oferta de empresas emergentes, la demanda gubernamental de este tipo de tecnologías y el marco jurídico.

Configuración del ecosistema de innovación de tecnologías emergentes para la participación ciudadana en España

A partir de las respuestas a la Encuesta de Cartografía Sistémica, se generó la siguiente visualización en red para mostrar la configuración del ecosistema de innovación de tecnologías emergentes para la participación ciudadana en España.

Figura 2.2. Visualización en red del ecosistema español de participación ciudadana y tecnologías emergentes

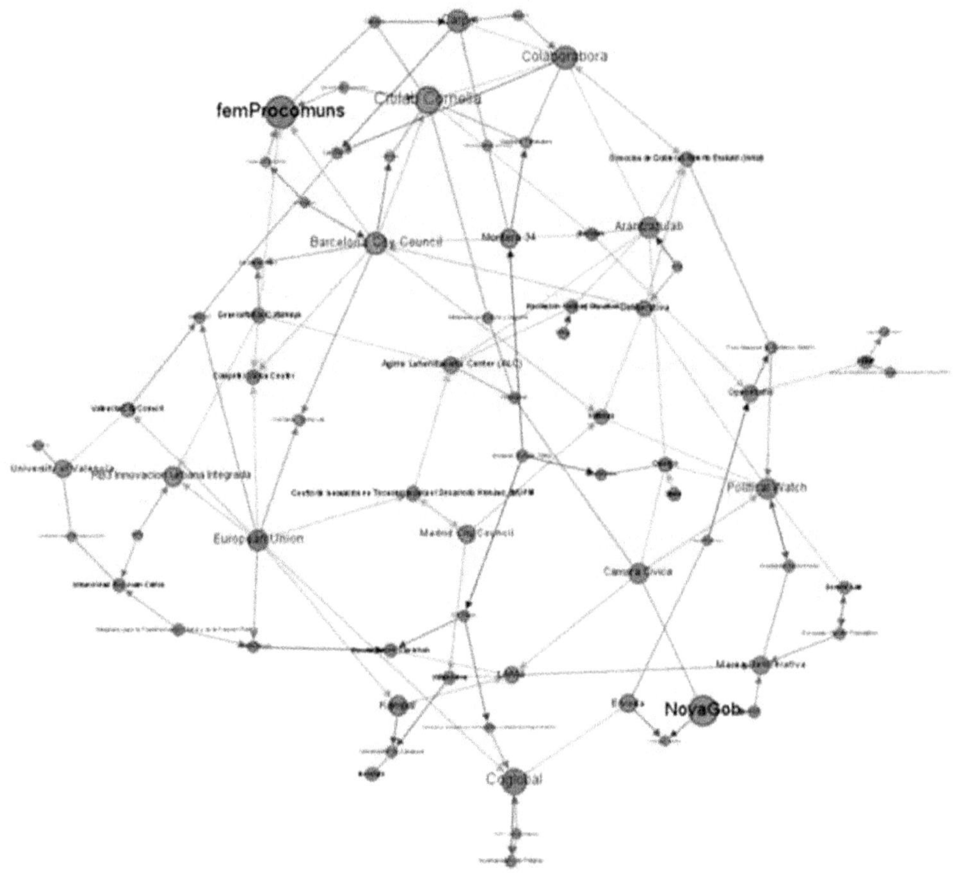

Chave: Nós	
	Setor público
	Setor privado
	Sociedade civil
	Academia
	Outros

Chave: Arestas	
	Colaborador
	Fornecedor ou prestador de serviços
	Financiador
	Governador
	Cliente ou utilizador
	Orquestrador ou organizador
	Outros

Nota: este gráfico deve ser visto como um complemento face a outras fontes de evidência e análise. Foi filtrado para incluir apenas intervenientes com 2 ou mais ligações. O tamanho do nó é proporcional ao número de ligações identificadas. Os inquiridos podem parecer mais influentes no gráfico da rede se acrescentarem um grande número de ligações. A validação do estudo foi feita pedindo aos inquiridos que destacassem os intervenientes influentes em cada categoria da hélice quádrupla. Os ficheiros originais podem ser acedidos aqui.
Fuente: OCDE sobre la base de las respuestas a la encuesta.

El ecosistema de actores que trabajan en tecnologías emergentes para la participación ciudadana en España es dinámico, pero está segmentado. Los actores de todo el ecosistema comparten objetivos similares de mejora de la participación ciudadana y la democracia a través de la innovación y están abiertos a colaborar para obtener "nuevas ideas y perspectivas". Sin embargo, existen oportunidades para reforzar la coordinación en la aplicación de tecnologías emergentes para la participación a nivel nacional. En la actualidad, pequeñas redes basadas en actores o iniciativas individuales fomentan la colaboración en temas específicos, en regiones concretas o en determinados sectores. Entre ellas se encuentran la red NovaGob, que organiza uno de los congresos sobre innovación en el sector público más importantes de España, la comunidad Decidim, que conecta a usuarios y desarrolladores de Decidim de todo el mundo, y la Red de Entidades Locales por la Transparencia y la Participación Ciudadana de la FEMP (Federación Española de Municipios y Provincias), que desempeña un importante papel en la coordinación y difusión de iniciativas de participación ciudadana y gobierno abierto. A pesar de que Portugal, los Países Bajos y España son todos miembros de la Alianza de Gobierno Abierto, su influencia es reconocida en particular por los actores de España. Los entrevistados destacan que el Foro de Gobierno Abierto, formado por miembros de la sociedad civil y de la Administración Pública, tiene potencial para mejorar aún más la colaboración intersectorial nacional en materia de participación ciudadana. España ha intentado abordar los retos de coordinación en la participación a través de su proyecto de V Plan de Gobierno Abierto (2024-2028).

Los actores de la sociedad civil y los ayuntamientos son, por término medio, quienes se conectan con más frecuencia con actores de todos los sectores, lo que demuestra su papel transversal y su influencia en el ecosistema español. Las instituciones académicas muestran una fuerte interacción con las OSC, lo que refleja un esfuerzo colaborativo en la investigación y la incidencia política. Un ejemplo de esta relación es el Open Manifesto Project, desarrollado entre Political Watch y la Universidad de Valencia (Cátedra de Tecnología Cívica y Empoderamiento), una plataforma virtual que permite consultar las propuestas electorales de los partidos políticos a través de un asistente virtual. Las entidades gubernamentales, especialmente a nivel municipal, también mantienen importantes interacciones con organizaciones de la sociedad civil, lo que pone de relieve la importancia de la sociedad civil en los procesos de gobernanza local. Ejemplos de ello son la sólida relación de colaboración que la Federación Regional de Asociaciones Vecinales de Madrid (FRAVM) mantiene con el Ayuntamiento de Madrid. Garantizar la inclusividad y la representatividad de la participación es muy importante tanto para las OSC como para el sector público, como explicaron los participantes en el taller.

La colaboración entre actores se apoya en estándares compartidos y reglas informales. Los actores del ecosistema expresan una fuerte voluntad de colaborar y trabajar abiertamente, tanto a través de redes como de proyectos específicos. El código abierto se identifica como un estándar clave, dado el uso de fondos públicos. Los entrevistados también coinciden en que las tecnologías para la participación ciudadana deben desplegarse en consonancia con los principios democráticos.

El código abierto es un estándar compartido por los actores que trabajan en la participación ciudadana, y muchos exploran aplicaciones para la IA generativa y la cadena de bloques. El código abierto tiene un uso muy extendido: un 34,7 % de organizaciones lo utilizan o desarrollan activamente, y un 26,7 % consideran sus aplicaciones. El código abierto es un estándar para algunas organizaciones que trabajan en la participación ciudadana, como Decidim, que no integra tecnologías propietarias. La IA generativa y la computación en la nube también están siendo utilizadas activamente o consideradas por muchos actores, siendo el sector privado el que más probablemente esté explorando las tecnologías en general. En cuanto a los posibles usos de estas tecnologías emergentes en los procesos participativos, los entrevistados mencionan que (i) la cadena de bloques sirve principalmente para garantizar la integridad de los procesos de votación electrónica y la gestión transparente de los datos públicos; (ii) la inteligencia artificial (IA), que facilita el análisis de grandes volúmenes de datos, sirve para moderar las propuestas ciudadanas de forma automática, cotejar las necesidades de la comunidad con las investigaciones pertinentes y detectar usuarios no deseados (*spam*); y (iii) las plataformas de datos abiertos sirven para mejorar la transparencia y fomentar la participación ciudadana a través de la disponibilidad de datos públicos y la accesibilidad de los procesos.

La mayoría de los actores no gubernamentales expresan que el Gobierno podría hacer más para promover la innovación tecnológica en la participación ciudadana a través del desarrollo de estrategias nacionales y la aportación de financiación sostenible. Los entrevistados señalan la necesidad de una mayor coordinación de las prácticas innovadoras por parte del Gobierno central, así como de una comunicación pública más clara sobre las orientaciones estratégicas, como condiciones previas importantes para la sostenibilidad del ecosistema de innovación. La financiación pública especial, en comparación con las fuentes de financiación continuadas, genera incertidumbre a largo plazo para las tecnologías de código abierto. También se señalan las limitaciones de la financiación como una fuente de competencia entre los actores del ecosistema, lo que impide una colaboración eficaz. Para hacer frente a estos retos, los encuestados piden al Gobierno que desarrolle estrategias, agendas y planes nacionales, aumente la financiación y las subvenciones para I+D e innovación empresarial, y establezca redes y plataformas de colaboración.

Tabla 2.2. Funciones de los ecosistemas en España

Función	Principales actores y contribuciones
Liderazgo estratégico y gobernanza	• **Los niveles superiores de la Administración Pública** establecen la dirección estratégica y la regulación de la participación ciudadana. Entre estas entidades se encuentran el Consejo de Transparencia y Buen Gobierno y la Dirección General del Dato del Ministerio para la Transformación Digital y de la Función Pública. En el ámbito autonómico, se encuentran, por ejemplo, la Subdirección General de Participación Ciudadana de la Generalitat de Catalunya o los servicios correspondientes del Gobierno Vasco. • El **Foro de Gobierno Abierto**, cuyos sesenta y cuatro vocales proceden a partes iguales de la sociedad civil y de la Administración Pública, desempeña un papel clave en el desarrollo de los Planes de Acción de Gobierno Abierto de España, en los que la participación es un pilar fundamental. • Las funciones, reglas y expectativas de las iniciativas de participación ciudadana se **establecen sobre todo en el nivel local, como los ayuntamientos**. • La sociedad civil desempeña un papel clave en el control de **la transparencia, la rendición de cuentas y la integridad** a través de organizaciones como Political Watch. • La **financiación** de iniciativas, programas y herramientas de participación ciudadana corre **a cargo de las ciudades y regiones** que los encargan y utilizan. Varios actores de España también mencionan a la Unión Europea como financiadora.
Ejecución operativa	• Las iniciativas de participación ciudadana **son ejecutadas en gran medida por las ciudades y las regiones**, que son los usuarios finales de las aportaciones de los ciudadanos. • Los procesos participativos suelen contar con el apoyo de **consultores de participación**, que pueden proceder del sector privado o de la sociedad civil y que ayudan a la Administración Pública a diseñar y gestionar iniciativas de participación. • **Los proveedores de herramientas** también pueden ofrecer una orientación más amplia sobre los procesos participativos. **La ejecución técnica puede correr a cargo de actores de los sectores público y privado o de la sociedad civil,** que son independientes del proveedor de la herramienta que implementan.
Implicación y representación de las comunidades	• **Las relaciones con la ciudadanía son asumidas por las ciudades y regiones** y apoyadas por una gran variedad de **grupos de interés de la sociedad civil**, como asociaciones vecinales, asociaciones juveniles y grupos basados en identidades específicas.
Innovación y suministro de tecnología	• En el desarrollo tecnológico **predominan las ofertas de la sociedad civil** Decidim y Consul, mientras que las organizaciones del sector privado desarrollan innovaciones nuevas y específicas. Las aceleradoras de empresas emergentes, como Gobe, y los laboratorios de innovación, como Arantzazulab, son fundamentales para promover la innovación en este campo.
Desarrollo de capacidades y gestión del conocimiento	• **Entidades del sector público** como HazLab, el Laboratorio de Innovación Pública del Instituto Nacional de Administración Pública (LIP/INAP) y el Laboratorio de Aragón Gobierno Abierto (LAAAB) proporcionan capacitación para la participación ciudadana y promueven la innovación en el sector público. • La creación de conocimiento, que abarca la exploración y el ensayo de nuevas tecnologías y métodos de participación ciudadana, se produce a menudo a través de **iniciativas que involucran a actores de múltiples sectores**. Entre ellos, **los actores del mundo académico facilitan la colaboración** y llevan a cabo investigaciones innovadoras.

Desarrollo de ecosistemas	• La **Red de Entidades Locales por la Transparencia y la Participación Ciudadana de la FEMP** desempeña un importante papel en la coordinación y difusión de iniciativas de participación ciudadana y gobierno abierto. • El **Foro de Gobierno Abierto** ha creado comunidades de práctica para compartir experiencias y buenas prácticas sobre participación ciudadana, plataformas de participación, procesos participativos y laboratorios de innovación. HazLab contribuye a fomentar el intercambio de conocimientos y una cultura de participación ciudadana en la Administración Pública.

Actores del ecosistema: funciones, contribuciones y experiencias

El sector público

Las entidades públicas, en gran medida a nivel municipal, son decididos patrocinadores, usuarios finales y responsables de la toma de decisiones en relación con las aportaciones recabadas a través de las iniciativas de participación ciudadana. Estos actores son una importante fuente de demanda de procesos de participación ciudadana. Establecen requisitos para la innovación y crean oportunidades de experimentación sobre el terreno para aprovechar al máximo las aportaciones ciudadanas. El Ayuntamiento de Madrid y el Ayuntamiento de Barcelona son pioneros. En los ayuntamientos, la Red de Entidades Locales por la Transparencia y la Participación Ciudadana, integrada en la Federación Española de Municipios y Provincias (FEMP), promueve la transparencia y la participación ciudadana entre las Administraciones locales. Además, el País Vasco ha liderado recientemente enfoques innovadores para la participación ciudadana, incluida la creación de una asamblea ciudadana permanente a nivel municipal en Tolosa y a nivel autonómico (OECD, 2024[32]).

A nivel nacional y autonómico, las entidades públicas establecen directrices y normas de participación. Fomentan y apoyan la aplicación de procesos participativos, elaboran directrices y planes de acción, y estimulan el desarrollo de nuevas soluciones mediante el establecimiento de objetivos y el liderazgo de proyectos. Entre los actores clave se encuentran el Ministerio de Hacienda y Función Pública, entonces responsable del pilar de participación del IV Plan de Gobierno Abierto de España, y la Dirección General del Dato del Ministerio para la Transformación Digital y de la Función Pública. La Subdirección General de Participación Ciudadana de la Generalitat de Catalunya y el Departamento de Gobernanza, Administración Digital y Autogobierno del Gobierno Vasco son ejemplos de entidades que, a nivel autonómico, pretenden fomentar y facilitar la participación de los ciudadanos en la toma de decisiones y en los asuntos públicos.

Equipos y entidades de la Administración Pública proporcionan apoyo e información para promover la innovación en la participación ciudadana. Entre ellos se encuentran HazLab y el Laboratorio de Innovación Pública del Instituto Nacional de Administración Pública (LIP/INAP), y entidades regionales como el Laboratorio de Aragón Gobierno Abierto (LAAAB), y Aranzazulab en el País Vasco.

Entre los principales retos del sector público figuran la falta de coordinación transversal, la escasa concienciación y capacidad de participación ciudadana y la falta de confianza del público. Las organizaciones del sector público van rezagadas en la adopción y exploración de tecnologías emergentes, a pesar de su papel como proveedoras de oportunidades para la innovación. Reconocen el valor de nuevas tecnologías como la IA para ayudar a procesar y clasificar las aportaciones de los ciudadanos, pero afirman que deben utilizarse con cuidado y evaluarse.

El sector privado

Los desarrolladores e implementadores de tecnología del sector privado proporcionan software para diferentes procesos participativos, que hace posible la participación ciudadana facilitada por la tecnología. En esta función cabe señalar tres tipos de actores: (i) desarrolladores que proporcionan un amplio conjunto de servicios, como e-Agora; (ii) desarrolladores que proporcionan software como servicio para un proceso específico (por ejemplo, una consulta o un proceso de votación en línea), como OsOigo, Kuorum y

Appsamblea; y (iii) empresas que implementan las plataformas de código abierto Decidim y Consul. Estas empresas ofrecen servicios de implementación, personalización, asistencia técnica y formación, que garantizan que las plataformas participativas se adapten a las necesidades específicas de cada comunidad o ayuntamiento (por ejemplo, Democrateam, Enreda, PokeCode o Colectic).

Numerosas empresas de todo el ecosistema prestan servicios de consultoría para la puesta en marcha de procesos de participación ciudadana, atendiendo las necesidades y complementando las capacidades del sector público. Entre ellas figuran Deliberativa, Ibatuz, PR4, EIDOS y Novadays.

Las aceleradoras de empresas emergentes desempeñan un papel crucial en la promoción de la innovación en la participación ciudadana mediante el apoyo a las *startups* tecnológicas para la relación con los ciudadanos y el gobierno abierto. Gobe, un estudio de innovación especializado en Govtech, pone el foco en la colaboración público-privada para impulsar la transformación digital en el sector público.

En la Encuesta de Cartografía Sistémica, los actores del sector privado mencionan el acceso a fondos sostenibles (53 %) y a contratos públicos, el nivel de concienciación del público en esta materia (53 %), las normas y procedimientos dictados por la regulación (47 %) y el nivel de apoyo político (44 %) como retos clave para su trabajo. Los procesos de contratación pública suelen dificultar la participación de las pequeñas empresas.

Las organizaciones del sector privado son las más activas en el uso, desarrollo y estudio de nuevas tecnologías, y desempeñan un papel clave en la exploración de sus posibles aplicaciones. Tres cuartas partes de los encuestados del sector privado utilizan o desarrollan activamente o consideran aplicar el código abierto, mientras que más de la mitad utilizan o desarrollan activamente o consideran aplicar la IA generativa y la computación en la nube.

El mundo académico

Los actores del mundo académico llevan a cabo investigaciones, proporcionan asesoramiento experto para la participación y desempeñan un papel clave para unir teoría y práctica en la participación ciudadana. Señalan carencias, retos y oportunidades en el ecosistema y desempeñan un papel clave en el Foro de Gobierno Abierto de España. Entre los actores clave figuran institutos públicos de investigación como el Instituto de Gobierno y Políticas Públicas (IGOP) y grupos independientes como GIGAPP y la Fundación NovaGob.

El mundo académico ofrece servicios de formación, desarrollo de soluciones y apoyo a la implementación. Por ejemplo, la Universidad Nacional de Educación a Distancia (UNED) imparte cursos para funcionarios, mientras que el Centro de Innovación en Tecnología para el Desarrollo Humano de la Universidad Politécnica de Madrid colabora en metodologías de participación.

Para los actores del mundo académico, colaborar con otros actores del ecosistema estimula nuevas ideas y perspectivas (76 %), proporciona acceso a conocimientos especializados (61 %) y permite establecer contactos clave con funcionarios gubernamentales (61 %), tal y como expresan en la Encuesta sobre Cartografía Sistémica. Las principales barreras son el acceso a la financiación (63 %) y los procedimientos reglamentarios (55 %). Las entrevistas revelan retos como la escasa motivación del público para participar y la resistencia a la participación ciudadana en el seno de la Administración Pública.

Los actores del mundo académico desarrollan activamente nuevas aplicaciones tecnológicas, siendo la IA generativa y el procesamiento del lenguaje natural las más exploradas (38 %). Reconocen el impacto transformador de las plataformas digitales en la participación ciudadana, pero observan que, sobre el terreno, el optimismo tecnológico está dando paso al recelo. Entre los principales actores que exploran las tecnologías emergentes figura el Internet Interdisciplinary Institute (IN3).

La sociedad civil

Las organizaciones de la sociedad civil proporcionan herramientas tecnológicas clave y apoyo. Organizaciones como Consul y Decidim, originarias de Madrid y Barcelona respectivamente, desarrollan y proporcionan tecnología de código abierto para procesos participativos en el marco de organizaciones sin ánimo de lucro. Se enfrentan a retos en cuanto a financiación sostenible y gobernanza debido a su modelo de código abierto y uso gratuito.

Las organizaciones de la sociedad civil ofrecen asesoramiento centrado en el ciudadano y apoyo a la participación ciudadana. Entre ellas figuran Deliberativa, una asociación sin ánimo de lucro especializada en el diseño y la facilitación de procesos participativos y deliberativos, y Platoniq Lab, que ofrece herramientas que facilitan la colaboración entre actores sociales y combinan creatividad y tecnología para resolver problemas comunitarios.

Las organizaciones de la sociedad civil desempeñan un papel clave en el fomento de la innovación en materia de participación ciudadana y gobierno abierto. Organizaciones como Political Watch y Civio promueven la transparencia y la rendición de cuentas en España y realizan un seguimiento y análisis de la actividad del sector público, proporcionando herramientas que permiten a los ciudadanos acceder a la información pública y evaluarla. Actores como Arantzazulab y la Red CIMAS convocan y apoyan a otros actores para explorar nuevos enfoques de gobernanza colaborativa y reforzar las capacidades de participación ciudadana. El Foro de Gobierno Abierto, formado por miembros de la sociedad civil y la Administración Pública, ha creado comunidades de práctica para compartir buenas prácticas de participación ciudadana. La Fundación Cotec investiga y asesora a entidades de los sectores público y privado para promover la innovación tecnológica.

Hay asociaciones cívicas que están representadas por organizaciones de la sociedad civil especializadas, que las empoderan y actúan como mediadoras con la Administración Pública. Entre ellas cabe mencionar asociaciones vecinales, asociaciones juveniles y grupos basados en identidades específicas. A menudo son convocadas por confederaciones más grandes, como la Confederación Estatal de Asociaciones de Vecinos (CEAV).

Los principales retos para la sociedad civil son la financiación (69 %), el acceso a datos (54 %) y las normas y procedimientos dictados por la regulación (54 %), según sus respuestas a la Encuesta de Cartografía Sistémica. Las entrevistas revelan otros problemas relacionados con la cultura organizativa y las capacidades del sector público, la falta de apoyo político y los problemas derivados de la falta de coordinación.

Aproximadamente la mitad de las organizaciones de la sociedad civil encuestadas utilizan o consideran utilizar de tecnologías de IA y de código abierto. Abordan las nuevas tecnologías con cautela, haciendo hincapié en una aplicación democrática y transparente.

Recuadro 2.2. Puntos de vista de los ciudadanos: España

Este proyecto contó con un taller presencial en Madrid en el que participaron jóvenes de 18 a 29 años para compartir sus experiencias en cuanto a los factores que facilitan o dificultan la participación ciudadana. Estos ciudadanos explicaron que consideran que las herramientas digitales de participación ciudadana facilitan el compromiso democrático.

Sin embargo, compartieron experiencias de procesos de participación ciudadana mal gestionados que deterioran la confianza en el Gobierno y la motivación para contribuir. La escasa información sobre los procesos de participación ciudadana, sus objetivos y el uso que se hará de sus aportaciones les lleva a ser escépticos ante la posibilidad de que sus contribuciones se traduzcan en verdaderos resultados.

Áreas de oportunidad para que los poderes públicos potencien el uso de las nuevas tecnologías para la participación ciudadana

- **Adoptar una dirección estratégica y unos objetivos claros:** Los actores indican que, aunque hay numerosas iniciativas, el ecosistema que impulsa las tecnologías emergentes para la participación ciudadana está segmentado y carece de una dirección cohesionada. El V Plan de Gobierno Abierto de España podría aprovecharse para promover objetivos a nivel nacional con un mayor enfoque en la innovación para la participación ciudadana.
- **Establecer reglas y estándares para el uso de la tecnología:** Las OSC pueden ayudar a los Gobiernos a establecer directrices que garanticen que la participación ciudadana se lleve a cabo en consonancia con los principios democráticos y se diseñe de forma inclusiva y centrada en el ciudadano.
- **Mejorar los flujos de información y los circuitos de retroalimentación:** La pérdida de confianza en las instituciones gubernamentales y los bajos índices de participación podrían abordarse mejorando la transparencia y los mecanismos de retroalimentación para demostrar cómo influyen las aportaciones de los ciudadanos en la toma de decisiones.
- **Crear capacidades y mentalidades en la Administración Pública:** Los actores señalan la falta de capacidades y de apoyo en la Administración Pública como barreras a la innovación en la participación ciudadana. Entidades gubernamentales como HazLab, LAAB y LIP/INAP tienen potencial para crear capacidades y una cultura de implicación ciudadana mediante el intercambio de conocimientos y la prestación de asistencia.
- **Establecer mecanismos de financiación sostenibles:** Las plataformas esenciales para el uso de la tecnología en la participación ciudadana se enfrentan a la incertidumbre en la financiación. El compromiso de financiación o asistencia para establecer modelos de financiación sostenibles podría garantizar estas importantes infraestructuras compartidas.
- **Reforzar y ampliar la estructura del ecosistema:** La colaboración y coordinación entre departamentos de la Administración Pública y el ecosistema en general podría apoyarse reforzando las funciones del Foro de Gobierno Abierto en la coordinación y evolución de las iniciativas de participación ciudadana en los distintos niveles de gobierno.

Países Bajos

Los Países Bajos tienen una sólida cultura de colaboración y consenso, pero la confianza en las instituciones ha ido disminuyendo y la polarización preocupa a muchos. El "modelo pólder", un enfoque colaborativo para la creación de consensos derivado de la necesidad histórica de gestionar los pólderes (terrenos ganados al mar), es un fundamento importante de la política y la sociedad neerlandesas. A pesar de esta cultura colaborativa, a la mayoría de los neerlandeses les preocupa la polarización política: tres cuartas partes de los ciudadanos creen que va en aumento (SCP, 2022[37]). En 2023, el 44 % de los neerlandeses declararon tener una confianza alta o moderadamente alta en el Gobierno nacional, lo que representa un descenso del 5 % desde 2021 (OECD, 2024[38]). Una cuestión clave que contribuye a esta desconfianza son experiencias pasadas que han llevado a los ciudadanos a creer que se les ha pedido su opinión pero que no se les ha tenido realmente en cuenta en los procesos de toma de decisiones.

El Gobierno de los Países Bajos ha tomado medidas para aumentar la participación. Leyes recientes como la Ley de Medio Ambiente y Planificación y la Ley de Refuerzo de la Participación a Nivel Descentralizado establecen nuevas expectativas de participación ciudadana. El Kenniscentrum voor Beleid en Regelgeving (Centro de Conocimientos sobre Política y Reglamentación) proporciona información sobre cómo iniciar un proceso de participación para organizaciones gubernamentales, sobre la base del trabajo del Kennisknooppunt Participatie (Polo de Conocimiento para la Participación), creado por el Ministerio de Infraestructuras y Gestión del Agua (I&W). En 2021, se incorporó a los planes de estudios escolares la asignatura de educación para la ciudadanía, que promueve los valores democráticos y las habilidades de participación (Government of the Netherlands, 2021[39]). Además, la OCDE cartografió veintidós procesos deliberativos en los Países Bajos, incluida una Asamblea Ciudadana Nacional sobre el cambio climático (OECD, 2023[15]).

Los Países Bajos promueven un alto nivel de innovación tecnológica y digitalización, también en la participación ciudadana. Los Países Bajos ocupan el tercer puesto en el Índice de Economía y Sociedad Digitales, y el cuarto en uso de servicios públicos digitales o administración electrónica (European Commission, 2022[40]), lo que refleja la infraestructura digital del país, el nivel de competencias digitales y la calidad de los servicios digitales prestados por la Administración. Esta base tecnológica favorece la innovación en la participación ciudadana. Uno de los compromisos del último Plan de Acción de Gobierno Abierto es reforzar la participación ciudadana con herramientas digitales. Para ello, el Ministerio del Interior y Relaciones del Reino (BZK) se ha comprometido a desarrollar la herramienta Pol.is para uso nacional (Ministry of the Interior and Kingdom Relations, 2023[41]). Existen otras muchas herramientas y técnicas de participación ciudadana, en particular plataformas como OpenStad y Consul.

No obstante, los ciudadanos de los Países Bajos están preocupados por el desarrollo de las nuevas tecnologías y su aplicación por parte de la Administración. La confianza en la gestión de los datos personales por parte del Gobierno ha disminuido significativamente, pasando del 32 % en 2018 al 19 % en 2023 (KPMG, 2023[42]). Un factor clave en esta erosión de la confianza fue el caso de las prestaciones por hijos a cargo, en el que miles de padres fueron acusados injustamente de fraude sobre la base de algoritmos, lo que tuvo graves consecuencias financieras y sociales. Además, el 52 % de los ciudadanos neerlandeses expresan su preocupación por el auge de la IA y los algoritmos, en particular en relación con la privacidad (KPMG, 2023[42]). En este sentido, los resultados de los Países Bajos en materia de datos abiertos y apertura por defecto se sitúan en el puesto 16, justo por debajo de la media de la OCDE, y ocupan la posición 22 en el Índice de Gobierno Digital global (OECD, 2024[23]).

Configuración del ecosistema de innovación de tecnologías emergentes para la participación ciudadana en los Países Bajos

A partir de las respuestas a la Encuesta de Cartografía Sistémica, se generó la siguiente visualización de red para mostrar la posición relativa de los actores y sus relaciones específicas en el ecosistema de innovación de tecnologías emergentes para la participación ciudadana en los Países Bajos.

Figura 2.3. Visualización en red del ecosistema neerlandés de participación ciudadana y tecnologías emergentes

	Clave: Nodos
	El sector público
	El sector privado
	La sociedad civil
	El mundo académico
	Otros

	Clave: Aristas
	Colaborador
	Proveedor
	Financiador
	Gobernador
	Cliente o usuario
	Orquestador o convocante
	Otros

Nota: Este gráfico debe considerarse un complemento de otras fuentes de información y análisis. Se ha aplicado un filtro para incluir únicamente actores con dos o más conexiones. El tamaño del nodo es proporcional al número de conexiones identificadas. Los encuestados podrían aparecer más influyentes en el gráfico de la red añadiendo un gran número de conexiones. El estudio se validó pidiendo a los encuestados que destacaran a los actores influyentes en cada categoría de la cuádruple hélice. Se puede acceder a los archivos originales aquí.
Fuente: OCDE sobre la base de las respuestas a la encuesta.

El ecosistema de participación ciudadana mediante tecnologías emergentes en los Países Bajos es dinámico e implica a actores de los sectores público y privado, del mundo académico y de la sociedad civil. Iniciativas lideradas por el sector público como Kennisknooppunt Participatie, OpenStad, el proyecto piloto Pol.is, y proyectos académicos como el consorcio REDRESS conectan eficazmente a diversos actores, estimulan la colaboración e impulsan el ecosistema mediante actividades como actos de trabajo en red, proyectos de investigación (promovidos por ciudadanos) y el desarrollo de herramientas participativas. Iniciativas del sector privado como Populytics presentan herramientas ampliamente aceptadas por la comunidad y utilizadas por el Gobierno. Entre los requisitos clave para su éxito figuran la financiación, un sentido de dirección compartido y la integración eficaz de la tecnología en procesos participativos bien organizados.

La cooperación entre los actores del ecosistema se apoya en objetivos, estándares y reglas comunes. Los actores del ecosistema tienen propósitos similares, y la mayoría de los encuestados explican que el mandato de su organización se alinea con los objetivos de mejora de la participación ciudadana. Los actores del ecosistema consideran que el código abierto es una norma; también es una política gubernamental: "El software que desarrolle (o haya desarrollado) la Administración debe ser de código abierto en la medida de lo posible" (Ministry of the Interior and Kingdom Relations., 2020[43]). Muchos actores del ecosistema dan prioridad a la perspectiva ciudadana en la implementación de nuevas tecnologías, en lugar de un impulso tecnológico vertical (de arriba abajo). Existe una gran preocupación por la inclusividad dentro del ecosistema, con el objetivo de evitar lagunas de conocimiento y riesgos asociados a usos y prácticas tecnológicos que podrían ser discriminatorios. Muchos se han comprometido a ampliar el ecosistema, dando la bienvenida a cualquiera que esté interesado en participar. Así lo ilustra una cita de un representante del sector público: "*Solo tenemos que asegurarnos de que genere entusiasmo y de que inspiremos a la gente a hacer más*".

Sin embargo, no existe una red nacional especializada que aglutine a todos los actores del ecosistema en torno a la participación ciudadana. Lo más parecido a una entidad nacional es el Kennisknooppunt Participatie, una iniciativa del Ministerio de Infraestructuras y Gestión del Agua (I&W). A pesar de contar con una amplia agenda de conocimientos para 2024 y una extensa red de socios, varios entrevistados señalan que este polo de conocimiento se centra principalmente en iniciativas que no utilizan tecnologías digitales. Por consiguiente, la relevancia de la Kennisknooppunt Participatie varía según los distintos actores del ecosistema. Otro ejemplo, la Red Democracia en Acción, involucra al Ministerio del Interior y Relaciones del Reino (BZK), a la Asociación de Municipios Neerlandeses (VNG) y a las asociaciones de dirigentes y profesionales de Administraciones locales (concejales, consejeros provinciales, auxiliares, tenientes de alcalde, secretarios municipales y alcaldes) en la innovación y el fortalecimiento de la democracia local y provincial.

La mayoría de las plataformas y herramientas de participación digital de los Países Bajos han desarrollado sus propias comunidades específicas. Entre ellas figuran Alkemio, Go Vocal, OpenStad, Polis, Smart Citizen y Smarticipatie. Estas comunidades suelen organizarse en sus plataformas o a través de herramientas como Slack para intercambiar ideas, compartir conocimientos y prestar apoyo técnico. La interacción entre estas comunidades específicas es relativamente limitada porque la mayoría de los usuarios, salvo los municipios más grandes y con más presupuesto, suelen utilizar una sola plataforma.

Sólo una minoría de los participantes en la Encuesta sobre Cartografía Sistémica utilizan, desarrollan activamente o consideran utilizar aplicaciones de tecnologías emergentes. El estándar tecnológico más utilizado es el código abierto, con un 24 % de organizaciones que lo utilizan o desarrollan activamente, y un 19 % que está considerando sus aplicaciones.

Los puestos segundo, tercero y cuarto por tecnologías utilizadas están relacionados con la IA, lo que indica un gran interés y actividad en las aplicaciones de la IA entre las organizaciones. Las entrevistas destacan los usos específicos de la IA, como el análisis de la retroalimentación, la ayuda en la formulación de políticas mediante la creación de personajes para que los ciudadanos participen virtualmente, y la simplificación de textos para que sean más fáciles de entender. Entre las herramientas más utilizadas están ChatGPT y plataformas de empresas como Go Vocal, Alkemio y Dembrane. Se considera que los gemelos digitales, la realidad aumentada (RA) y la realidad virtual (RV) facilitan la participación en relación con el entorno físico.

Actores de todo el ecosistema consideran que el Gobierno podría promover la innovación en la participación ciudadana mediante una dirección más clara y una financiación sostenible. El 41 % de los encuestados señala el desarrollo de agendas, estrategias y planes nacionales como una prioridad clave del Gobierno para estimular el ecosistema de la participación ciudadana y las tecnologías emergentes.

Con una dirección más clara sobre lo que constituye una participación de alta calidad, por ejemplo, a través de una marca de calidad del Ministerio de Interior y Relaciones del Reino (BZK) o de la Asociación de Municipios (VNG), se podrían establecer normas y promover la innovación. La financiación sostenible de las iniciativas de código abierto y los acuerdos marco que detallan las funciones de las distintas organizaciones en el mantenimiento de iniciativas consolidadas como OpenStad también se mencionan como elementos ausentes de la gobernanza de la participación ciudadana en los Países Bajos.

Tabla 2.3. Funciones de los ecosistemas en los Países Bajos

Función	Principales actores y contribuciones
Liderazgo estratégico y gobernanza	• El **Ministerio del Interior y Relaciones del Reino (BZK)** es responsable de la política sobre democracia y ciudadanía en los Países Bajos, y ejerce una gran influencia a través de su control sobre la legislación y las subvenciones. **El Ministerio de Infraestructuras y Gestión del Agua (I&W)** también desempeña un papel importante en el establecimiento de normas y expectativas de participación ciudadana. • La **financiación** de las iniciativas, programas y herramientas de participación ciudadana corre a cargo de **los actores del sector público** de nivel superior, así como de las ciudades y regiones que encargan y llevan a cabo iniciativas de participación ciudadana.
Ejecución operativa	• **Las provincias y los municipios**, que son los usuarios finales de las aportaciones de los ciudadanos, son responsables de la mayor parte de la ejecución operativa. • El Gobierno suele contratar con una amplia selección de **consultores de apoyo a los procesos participativos**, que pueden proceder del sector privado o de la sociedad civil y que ayudan a la Administración Pública a diseñar y gestionar iniciativas de participación. Los proveedores de herramientas también pueden aportar perspectivas más amplias de los procesos participativos. • **La ejecución técnica** puede correr a cargo de actores de los sectores público y privado y de la sociedad civil, que son independientes del proveedor de la herramienta que implementan.
Implicación y representación de las comunidades	• Las relaciones con la ciudadanía son asumidas por **grupos de interés de la sociedad civil**. Organizaciones cívicas como Waag Futurelab y LSA citizens ayudan con la inclusión.
Innovación y suministro de tecnología	• Las herramientas de participación ciudadana que emplean tecnología son desarrolladas y proporcionadas por **actores del sector privado** como Populytics, Go Vocal, Mett y Maptionnaire, **organizaciones de la sociedad civil** como Consul, y por el **sector público** a través de OpenStad.
Desarrollo de capacidades y gestión del conocimiento	• Las contribuciones académicas a la colaboración y la experimentación proceden de las universidades de Delft, Tilburg y Rotterdam (EUR), siendo la Universidad de Tilburg la que lidera el **consorcio REDRESS**. • **Kennisknooppunt Participatie** se ha creado para compartir conocimientos y experiencias sobre participación ciudadana. • **Digicampus** y **GovTech NL**, iniciativas que combinan los sectores académico, privado y público, actúan como creadores de capacidad unificando los planteamientos de los distintos sectores con un enfoque de cocreación de soluciones.
Desarrollo de ecosistemas	• El desarrollo de ecosistemas en los Países Bajos lo llevan a cabo actores de distintos sectores, con **la VNG** y el **Kennisknooppunt Participatie** a la cabeza en el sector público, mientras que las plataformas y herramientas mantienen sus propias comunidades, que pueden tener alcance internacional. • **GovTech NL**, el laboratorio de innovación cívica centrado en el desarrollo de una comunidad profesional para la innovación del gobierno cívico, actúa como punto de red clave para la comunidad de innovación cívica.

Actores del ecosistema: funciones, contribuciones y experiencias

El sector público

Los ministerios desempeñan un papel crucial como financiadores y reguladores de los procesos de participación ciudadana. El Ministerio del Interior y Relaciones del Reino (BZK) es el responsable de la política sobre democracia y ciudadanía: alberga la Dirección de Democracia y Gobernanza (DenB) y supervisa los Planes de Acción de la Alianza de Gobierno Abierto de los Países Bajos (Open Government Partnership, 2022[44]), que incluyen compromisos para la democracia digital, el desarrollo del código abierto y la profesionalización de la participación. El Ministerio de Infraestructuras y Gestión del Agua

(I&W) cuenta con una Dirección dedicada a la participación y está desarrollando un polo de conocimiento (Kennisknooppunt Participatie).

Los municipios son los principales iniciadores y "usuarios finales" de las aportaciones obtenidas de la participación ciudadana, y ofrecen oportunidades y financiación para enfoques innovadores. Los municipios de La Haya y Ámsterdam son precursores en participación ciudadana. Ámsterdam fue pionera en 2016 en el desarrollo de la plataforma de participación digital OpenStad, que fue adoptada por La Haya en 2019. El Ayuntamiento de Holanda Meridional planteó cuatro escenarios de futuro sobre la integración de la participación ciudadana y las tecnologías emergentes, como la IA, reflexionando sobre el potencial de uso de las plataformas digitales para la participación ciudadana. En general, los municipios emplean uno de estos cuatro enfoques para aplicar las tecnologías digitales a la participación ciudadana:

1. Utilizar plataformas cerradas "todo en uno" gestionadas por empresas como Go Vocal (antes conocida como CitizenLab).
2. Desarrollar sus propias herramientas cerradas, como Rotterdam y Eindhoven.
3. Desarrollar o utilizar plataformas de código abierto como OpenStad o Consul
4. Utilizar principalmente una herramienta de código abierto, pero integrando ocasionalmente herramientas y técnicas específicas o propietarias como Populytics o Swipocratie.

La Asociación de Municipios Neerlandeses (VNG) desempeña una función de conexión crucial recabando conocimientos, compartiendo información y gestionando aspectos complejos de las tecnologías digitales de participación.

Las principales barreras en el sector público son la falta de dirección estratégica, de continuidad, de competencias y capacidades, y de compromiso con las prácticas participativas. De acuerdo con los participantes en la Encuesta de Cartografía Sistémica, las organizaciones del sector público encuentran barreras para desarrollar e implementar tecnologías emergentes para la participación ciudadana, como la seguridad de los datos y la protección de la privacidad (79 %), las normas reguladoras (64 %), las capacidades administrativas (36 %) y los niveles de confianza del público (36 %). Los encuestados señalan que la Administración Pública podría dar más prioridad a una participación significativa, que a menudo se percibe limitada por razones de eficiencia. Iniciativas como OpenStad tuvieron problemas para establecer modelos sostenibles de gobernanza y financiación.

Las organizaciones del sector público van a la zaga de otras en la adopción y exploración de tecnologías emergentes. Los encuestados del sector público son los menos propensos a afirmar que están utilizando o desarrollando activamente o considerando utilizar aplicaciones de las tecnologías sondeadas (13 % de media frente al 18 % de todos los sectores). Las más utilizadas son el código abierto, la IA generativa, el aprendizaje automático, los gemelos digitales, la computación en la nube y la internet de las cosas.

El sector privado

Los proveedores de plataformas y tecnología del sector privado desempeñan un papel clave en el desarrollo, aplicación y ensayo de nuevas soluciones digitales para la participación ciudadana. Crean herramientas y plataformas especializadas, a menudo combinadas con servicios de consultoría. Destaca Populytics, que gestiona la plataforma Wevaluate basada en investigaciones de TU Delft. Otros proveedores clave son Mett, Go Vocal y Alkemio. Otras organizaciones del sector privado contribuyen al desarrollo y aplicación de iniciativas de participación ciudadana, pero no ocupan un lugar central en el ecosistema. Entre ellas figuran grandes empresas tecnológicas, estudios de ingeniería y agencias de diseño.

Las consultorías del sector privado ofrecen asesoramiento y apoyo para facilitar los procesos participativos. Estas organizaciones, como Smarticipatie y Facilitation Company, utilizan diversas plataformas y enfoques para apoyar al sector público.

Para las organizaciones del sector privado, las principales barreras son la seguridad de los datos y la protección de la privacidad (74 %) y las normas y procedimientos dictados por la regulación (67 %), según las respuestas a la Encuesta de Cartografía Sistémica. El factor facilitador más importante para estas organizaciones es la capacidad de relacionarse con Administraciones y funcionarios (63 %). Una gran mayoría de los actores del sector privado se relacionan con otros actores del ecosistema para acceder a nuevas ideas y perspectivas (88 %) y buscan mejorar el reconocimiento y el perfil público de su trabajo (59 %), las conexiones con funcionarios públicos, los contactos con clientes y el acceso a conocimientos especializados (56 %).

Las organizaciones del sector privado son las más propensas a utilizar o desarrollar activamente o a considerar el uso de aplicaciones de tecnologías emergentes (un 23 % de media frente al 18 % de todos los sectores). En este sentido, desempeñan un papel importante en la aportación de conocimientos prácticos para la aplicación de las nuevas tecnologías a la participación ciudadana.

El mundo académico

Los actores del mundo académico exploran y desarrollan nuevos métodos y herramientas para la participación ciudadana utilizando tecnologías emergentes. TU Delft acoge a influyentes investigadores, con una importante incidencia del método de Evaluación Participativa del Valor. La Universidad de Ciencias Aplicadas de La Haya se centra en las tecnologías emergentes para la participación ciudadana, incluida la RV. Además, HHS está desarrollando Diálogos Públicos, una plataforma de participación en línea que permite a los residentes interactuar, intercambiar ideas y debatir sobre diversos temas.

Los actores del mundo académico aportan orientaciones basadas en datos contrastados para las iniciativas de participación ciudadana. El Instituto Rathenau elabora informes de investigación sobre la mejora de la democracia a través de la tecnología. El proyecto REDRESS, emprendido por un consorcio formado por cuatro universidades (Tilburg, Radboud, Utrecht y Twente) y el Instituto Neerlandés de Estudios Sociales, investiga innovaciones democráticas híbridas.

Junto a las universidades, los laboratorios de ideas y las organizaciones de investigación contribuyen al desarrollo e implementación de la participación ciudadana. Entre ellos figuran Nederlands Platform Burgerparticipatie (NPBO) y Platform31.

Los actores del mundo académico buscan principalmente financiación y nuevas ideas y perspectivas (79 %) y contactos con funcionarios públicos (67 %). Otros resultados de la Encuesta de Cartografía Sistémica muestran que el acceso a la financiación es una barrera importante para los actores del mundo académico (67 %). Otras barreras detectadas son las normas y procedimientos dictados por la reglamentación (67 %), así como la seguridad de los datos y la protección de la privacidad (56 %).

Los actores del mundo académico destacan por considerar las tecnologías de vanguardia, explorando aplicaciones cuya eficacia y comerciabilidad aún no están confirmadas, como los Gemelos Digitales y la RV o la RA (44,4 %). Al igual que en otros sectores, es probable que los actores del mundo académico utilicen y exploren los estándares de código abierto y la IA generativa, pero son los únicos que exploran los gemelos digitales y la RV o la RA con tanta frecuencia y podrían aportar conocimientos especializados en este ámbito.

La sociedad civil

Las redes de la sociedad civil y los actores de incidencia política ayudan a los ciudadanos a conectarse y construir comunidades. Organizaciones como Buurkracht, la Colaboración Nacional de Ciudadanos Activos (LSA) y Collectieve Kracht apoyan las iniciativas ciudadanas y generan motivación para el compromiso cívico. A menudo se invita a grupos de interés sobre temáticas, profesiones y localidades concretas a contribuir a las consultas sobre políticas y actividades gubernamentales pertinentes.

Apoyo de las OSC al desarrollo, despliegue y mantenimiento de tecnologías. Waag explora el papel de la tecnología en la sociedad, gestiona Code for NL e investiga cómo los residentes pueden usar la tecnología para implicarse en su entorno y colaborar con el Gobierno. La Consul Democracy Foundation gestiona una comunidad en torno a la plataforma de participación de código abierto Consul.

Es más probable que las OSC utilicen o exploren la tecnología de preservación de la privacidad y la ciberseguridad que los actores de otros sectores. Aunque las OSC siguen la tendencia de utilizar y considerar el código abierto y la IA generativa, no suelen usar la tecnología de preservación de la privacidad ni la ciberseguridad, lo que refleja su preocupación por la preservación de la seguridad y los derechos de los ciudadanos.

Las OSC intentan mejorar su acceso a la información y sus conexiones con las partes interesadas, pero encuentran relativamente pocas barreras en comparación con otros sectores. Las OSC buscan información y asistencia para colaborar con otras partes interesadas (ambas cosas en un 75 %), así como contactos con funcionarios públicos, acceso a financiación, acceso a conocimientos especializados, nuevas ideas y perspectivas (62,5 %). Algunos proyectos tecnológicos, como Consul, ponen de relieve los retos que plantea el establecimiento de modelos sostenibles de financiación y gobernanza para el mantenimiento del software de código abierto.

Según los entrevistados de las OSC, los ciudadanos suelen desconfiar de las tecnologías, lo que dificulta su adopción y reduce la eficacia de la participación ciudadana. Esta desconfianza se debe a experiencias pasadas negativas, como el uso de códigos QR de la COVID y la falta de alfabetización digital. Sin embargo, nuevas tecnologías como ChatGPT están siendo adoptadas por los ciudadanos para articular opiniones, redactar propuestas e interactuar con la Administración Pública, a menudo adelantándose a la implementación oficial.

En el contexto neerlandés también hay actores de varias hélices. Iniciativas como Digicampus o GovTech NL se sitúan en la encrucijada de la cuádruple hélice: combinan enfoques de los sectores públicos y privado, de la sociedad civil y del mundo académico para crear conjuntamente soluciones innovadoras e inclusivas a problemas sociales, como la integración de la participación ciudadana en la Administración a través de la tecnología.

Recuadro 2.3. Puntos de vista de los ciudadanos: Países Bajos

Este proyecto contó con un taller presencial en La Haya en el que participaron estudiantes universitarios para compartir sus experiencias en cuanto a los factores que facilitan o dificultan la participación ciudadana. Siguiendo el método de creación de prototipos orientados al usuario de Digicampus, se pidió a los estudiantes que señalaran las debilidades de la participación ciudadana y crearan un prototipo de una posible solución (digital) para resolver el problema. Los principales problemas señalados fueron la falta de confianza para contribuir a un tema por falta de conocimientos, el tiempo que requiere la participación y el desconocimiento de las oportunidades de participación.

Áreas de oportunidad para que los poderes públicos potencien el uso de las nuevas tecnologías para la participación ciudadana

- **Adoptar una dirección estratégica y unos objetivos claros:** Los actores mencionan falta de dirección estratégica y continuidad en materia de participación ciudadana en la Administración Pública. Los niveles nacionales de la Administración, como el BZK, podrían abordar esta cuestión estableciendo objetivos nacionales claros para la innovación en la participación ciudadana y normas de calidad para los procesos de participación ciudadana, en particular utilizando tecnologías emergentes.

- **Establecer reglas y estándares para el uso de la tecnología:** Para abordar los retos relativos a la confianza del público en el uso de la tecnología por parte de la Administración, unas directrices transparentes y la educación del público sobre el uso de la IA y los algoritmos en los procesos de participación ciudadana, elaboradas en colaboración entre la Administración Pública y las OSC, podrían aumentar el conocimiento y aceptación por parte del público de tecnologías responsables y orientadas a fines concretos.
- **Mejorar los flujos de información y los circuitos de retroalimentación:** La implicación del público puede disminuir por falta de información y de circuitos de retroalimentación sobre las oportunidades de participación ciudadana y el impacto que tiene en la toma de decisiones. Esto podría resolverse con sistemas para evaluar y comunicar claramente a los ciudadanos los resultados e impactos de las iniciativas de participación ciudadana. Un marco de evaluación claro y ejemplos de buenas prácticas en participación ciudadana pueden garantizar que las iniciativas sean eficaces e inclusivas, utilizando redes como VNG y Kennisknooppunt Participatie para difundir conocimientos.
- **Crear capacidades y mentalidades en la Administración Pública:** Los actores señalan la falta de capacidades sobre colaboración abierta, uso de tecnología y diseño de procesos de participación, así como de apoyo en la Administración Pública, como barreras a la innovación en participación ciudadana. Kennisknooppunt Participatie tiene por objeto apoyar la consolidación y el intercambio de conocimientos y competencias sobre participación.
- **Establecer mecanismos de financiación sostenibles y marcos de colaboración:** Los actores mencionan dificultades para establecer modelos sostenibles de gobernanza y financiación de las iniciativas. Los acuerdos marco para la contratación de proveedores y el mantenimiento y desarrollo a largo plazo de plataformas de participación ciudadana pueden facilitar la colaboración y el desarrollo en todo el ecosistema.
- **Reforzar y ampliar la estructura del ecosistema:** Kennisknooppunt Participatie está desarrollando una red nacional de intercambio de conocimientos y podría recibir apoyo para abarcar una mayor variedad de temas de participación ciudadana, más allá del ámbito físico. GovTech NL es una iniciativa de colaboración que aspira a convertirse en la comunidad profesional para la innovación del gobierno cívico y podría ser un polo importante para fomentar las capacidades del ecosistema a través de su plataforma de apoyo, programas e instalaciones para la innovación y el desarrollo de tecnologías cívicas.

Notas

1 La comparación entre los tres países revela cinco categorías comunes de funciones dentro de los ecosistemas de innovación para la participación del público:

1. "Liderazgo estratégico y gobernanza" abarca las funciones de alto nivel que conforman la dirección general y las normas y expectativas de la participación del público. Entre ellas figuran el establecimiento de la dirección estratégica, la regulación, la financiación y la evaluación de impacto.

2. "Ejecución operativa" incluye las funciones prácticas relacionadas con la ejecución de los procesos participativos y la gestión de los datos asociados. Entre ellas se incluyen la facilitación de procesos participativos, la ejecución técnica y la gestión de datos.

3. "Implicación y representación de las comunidades" se centra en las funciones que interactúan directamente con los ciudadanos y las comunidades y los representan. Entre ellas figuran las relaciones con la ciudadanía, la incidencia política y la representación y el fomento de la confianza.

4. "Gestión de la innovación y el conocimiento" abarca funciones relacionadas con el desarrollo de nuevas herramientas y métodos, la creación y difusión de conocimientos y el desarrollo de capacidades entre las partes interesadas. Entre ellas figuran el suministro y desarrollo de herramientas, la innovación y experimentación, la creación de conocimientos y el desarrollo de capacidades.

5. "Desarrollo del ecosistema" aborda funciones centradas en establecer conexiones entre actores, compartir conocimientos y experiencias y ampliar las iniciativas de éxito. Entre ellas figuran la creación de redes y la ampliación de escala y replicación.

3 ¿Qué pueden hacer los Gobiernos para mejorar el ecosistema de innovación para la participación ciudadana utilizando tecnologías emergentes?

Este capítulo ofrece un análisis final de los ecosistemas de innovación en Portugal, España y los Países Bajos, destacando los factores clave que favorecen y dificultan el uso de tecnologías emergentes para la participación ciudadana. Examina el papel de la infraestructura digital, la colaboración entre múltiples partes interesadas y el liderazgo de las Administraciones locales en el fomento de la innovación. También señala retos compartidos, como la inconsistencia en la financiación, la inclusión digital y los déficits de capacidades en el sector público. El capítulo concluye con recomendaciones prácticas para los Gobiernos, basadas en las lecciones aprendidas en los tres países, y propone vías de investigación futura para seguir avanzando en la participación ciudadana mediante el uso de tecnologías emergentes.

La innovación en la participación ciudadana en Portugal, España y los Países Bajos se apoya en una sólida infraestructura digital, en la colaboración de múltiples partes interesadas y en una amplia experimentación a nivel local. Los tres países cuentan con infraestructuras digitales, que proporcionan una base para la participación ciudadana facilitada por la tecnología. La colaboración entre el sector público, el sector privado, el mundo académico y la sociedad civil en plataformas como los Foros de Gobierno Abierto y en iniciativas individuales en todos los países es un factor esencial para facilitar la innovación y la generación de conocimiento en materia de participación ciudadana, y cada sector desempeña un papel clave para desarrollar nuevos enfoques y garantizar que la participación sea inclusiva y eficaz. Los estándares de código abierto en el desarrollo de tecnología, que facilitan la transparencia y la creación de comunidades en torno a las plataformas digitales, son un principio clave en cada país. Por último, en los tres países son los municipios y las Administraciones locales los que impulsan iniciativas innovadoras de participación ciudadana.

En sus ecosistemas de innovación para la participación ciudadana, los tres países comparten retos comunes, como la falta de dirección estratégica, de confianza en el gobierno, de financiación sostenible, de inclusión digital y de capacidades en la Administración Pública. Los tres países se enfrentan a retos a la hora de establecer una dirección estratégica y una orientación claras, sostenidas y de ámbito nacional para las iniciativas de participación ciudadana. Esto propicia esfuerzos desestructurados y enfoques inconsistentes en los distintos niveles de Gobierno. La pérdida de confianza en las instituciones gubernativas y el posible uso indebido de la tecnología son preocupaciones compartidas, que pueden reducir la eficacia de los esfuerzos de participación ciudadana y la innovación en este campo. La falta de financiación consistente y sostenible para las plataformas de participación digital de código abierto y métodos innovadores genera incertidumbre y frena la colaboración y la innovación. Aunque en distintos grados, los tres países se enfrentan al reto de garantizar que las herramientas de participación digital sean accesibles y utilizables por todos los segmentos de la población. Por último, la falta de aptitudes y capacidades para diseñar y facilitar la participación ciudadana en la Administración Pública hace que las iniciativas no siempre sean eficaces o se comuniquen bien y pueden ocasionar que los ciudadanos participantes tengan experiencias negativas.

Existen diferencias entre los países en cuanto a los actores que inician y promueven las iniciativas de participación ciudadana, la estructura de sus ecosistemas, su uso de la tecnología y los niveles de alfabetización digital. En Portugal y los Países Bajos, el sector público, sobre todo a nivel municipal, es el principal impulsor de la participación ciudadana. En Portugal, las entidades del Gobierno central, especialmente la AMA, desempeñan un papel destacado fomentando y apoyando la participación ciudadana efectiva y la innovación en este campo, y hay pocos actores del sector privado que trabajen en participación ciudadana. En España, las organizaciones de la sociedad civil desempeñan un papel más preponderante, junto a las Administraciones locales, en el estímulo a la innovación en participación ciudadana, y el Foro de Gobierno Abierto actúa como un importante coordinador entre sectores a nivel nacional. El ecosistema de los Países Bajos cuenta con prácticas más consolidadas en cuanto a intercambios entre sectores, continuidad y regularidad de las iniciativas, e intensidad y proactividad de los actores del sector privado, mientras que instituciones del sector público como Kennisknooppunt Participatie e iniciativas como OpenStad proporcionan anclajes para la colaboración.

El uso y desarrollo de herramientas de participación digital está más extendido y consolidado en España y los Países Bajos que en Portugal. Esto concuerda con sus mayores índices de alfabetización digital y uso de internet, así como con la presencia de un mayor número de desarrolladores tecnológicos trabajando sobre el terreno, especialmente en el sector privado y la sociedad civil. Aunque los actores de los tres países señalan la financiación sostenible como un problema, en el caso de España y los Países Bajos se especifica que es más un reto para las iniciativas establecidas que pretenden innovar en participación ciudadana, mientras que en Portugal se considera un problema para las empresas emergentes y las organizaciones de la sociedad civil. Del mismo modo, Portugal destaca entre estos países por señalar el pequeño tamaño de su mercado como una barrera para la ampliación de escala de las innovaciones y por necesitar una mayor colaboración internacional.

Basándose en las experiencias de Portugal, los Países Bajos y España, la Tabla 3.1 presenta las lecciones clave y propone acciones para que los Gobiernos mejoren los ecosistemas de innovación para la participación ciudadana y las tecnologías emergentes. Las acciones propuestas suelen ir asociadas a ejemplos concretos de buenas prácticas de los tres países considerados.

Tabla 3.1. Lecciones y acciones

Lecciones	Acciones propuestas
1. Reclamar una dirección estratégica nacional clara para unificar los actuales esfuerzos desestructurados para mejorar la participación ciudadana con tecnologías emergentes	• La fijación **de objetivos claros**, por ejemplo a través de una estrategia nacional específica, respaldada por **herramientas y orientaciones**, podría ayudar a mejorar la armonización y apoyar la colaboración para potenciar la participación ciudadana con tecnologías emergentes. • Los Principios Rectores de Portugal y los Planes de Acción de Gobierno Abierto de España constituyen un modelo para establecer objetivos y orientaciones nacionales, pero podrían ir más lejos para poner claramente el foco sobre la innovación tecnológica para la participación ciudadana.
2. La innovación en la participación ciudadana es impulsada en gran medida por las Administraciones locales	• **Las organizaciones en red** que prestan apoyo a las Administraciones Públicas a nivel local pueden ayudarlas a impulsar la innovación, compartir sus conocimientos y experiencias y facilitar la replicación y ampliación de escala de las buenas prácticas. • La Red de Ayuntamientos Participativos (RAP), en Portugal, apoya el intercambio de conocimientos y concede un premio anual a las Buenas Prácticas de Participación, mientras que la Asociación de Municipios Neerlandeses (VNG), en los Países Bajos, gestiona aspectos de las tecnologías digitales de participación que son demasiado complejos para los municipios a título individual, como el mantenimiento del código base de las herramientas de código abierto.
3. Los organismos nacionales que coordinan a los distintos actores y promueven buenas prácticas pueden apoyar la innovación y el éxito de las iniciativas de participación ciudadana que utilizan tecnologías emergentes	• **Una estructura de coordinación**, como la neerlandesa Kennisknooppunt Participatie, presenta un modelo que podría ampliarse o adaptarse para promover buenas prácticas, apoyar la coordinación y establecer marcos compartidos de evaluación.
4. La innovación en la participación ciudadana se ve frenada por la falta de capacidades del sector público para facilitar iniciativas e implantar nuevas tecnologías	• Los **laboratorios de experimentación**, que realizan experimentos, imparten formación y elaboran directrices, pueden contribuir a mejorar las capacidades del sector público. El LabX portugués y el HazLab español presentan modelos prometedores.
5. La inconsistencia en la financiación de las herramientas e iniciativas de participación ciudadana genera una incertidumbre que frena la colaboración y la exploración y el desarrollo de innovaciones	• **Unos mecanismos de financiación sostenibles** vinculados a unos objetivos estratégicos claros pueden garantizar que continúe el apoyo, el desarrollo y la iteración de planteamientos innovadores.
6. Los estándares compartidos y el compromiso con el código abierto facilitan una colaboración eficaz y la adaptación de las herramientas a diferentes contextos.	• El **establecimiento de estándares compartidos**, como el compromiso de los Países Bajos con el código abierto, puede facilitar la colaboración, la interoperabilidad y la innovación. El éxito de España con Decidim y Consul, que han sido adoptados internacionalmente, demuestra una vez más el potencial de las herramientas de código abierto.
7. La innovación en la participación ciudadana es posible gracias a la colaboración y los intercambios multisectoriales	• **El establecimiento de redes e iniciativas** que fomentan la colaboración y el intercambio de conocimientos sobre participación ciudadana y tecnologías emergentes a escala intersectorial permite compartir nuevas perspectivas e ideas y actuar en consecuencia.
8. La propia tecnología debe desarrollarse de forma inclusiva, responsable y participada, y sus aplicaciones a la participación	• **Las directrices éticas y las salvaguardias** para el uso de la IA, la cadena de bloques y otras tecnologías emergentes

Lecciones	Acciones propuestas
ciudadana deben respetar los valores democráticos	en la participación ciudadana desarrolladas en colaboración con las OSC pueden ayudar a garantizar que estas iniciativas sean inclusivas y respeten los valores democráticos. • **Centrarse en un enfoque integrador** garantizando la accesibilidad de todos los ciudadanos, utilizando diversas estrategias de divulgación para comunicarse con diversos perfiles (por ejemplo, demográficos), adaptando los mensajes para que resuenen en diferentes contextos culturales y sociales, y estableciendo asociaciones con líderes y organizaciones de la comunidad para conectar con grupos de difícil acceso. • La estrategia AI Portugal 2030, que pretende modernizar la Administración mediante el uso ético de la IA (OECD, 2023[15]), presenta un enfoque interesante
9. Los ciudadanos necesitan garantías sobre cómo se utilizan sus aportaciones en la toma de decisiones	• **Unos mecanismos claros de retroalimentación** que demuestren cómo influyen las aportaciones de los ciudadanos en la toma de decisiones pueden generarles confianza y motivación para participar. • Esta necesidad se puso de manifiesto en todos los países por las experiencias de ciudadanos que creen que su opinión no se tiene realmente en cuenta.
10. La colaboración internacional ofrece oportunidades para compartir, mejorar y ampliar la escala de los conocimientos.	• **Instituciones internacionales** como la Alianza de Gobierno Abierto y el OIDP han proporcionado conocimientos y orientación a un amplio abanico de actores que trabajan en la participación ciudadana. Para los actores del sector privado, la interacción a escala mundial abre posibilidades de ampliación de escala e incentiva el desarrollo continuado.

De cara al futuro, hay cinco vías inmediatas para seguir explorando:

1. La investigación de los **efectos a largo plazo de los distintos enfoques participativos** (incluidos los que emplean tecnologías emergentes) sobre la confianza en el Gobierno y el compromiso cívico proporcionaría información valiosa para los responsables políticos y apoyaría la adaptación y ampliación de escala de las buenas prácticas.
2. La exploración de **cómo tecnologías emergentes como la IA y la cadena de bloques pueden integrarse de manera eficaz y ética en los procesos de participación ciudadana, garantizando al mismo tiempo la inclusividad**, es un área crítica para la investigación futura.
3. El estudio de la **eficacia de los enfoques para crear capacidad de gestión y evaluación de los procesos participativos y aumentar la concienciación sobre el valor de la participación ciudadana** en la Administración Pública podría ayudar a abordar las carencias de capacidad detectadas en los tres países.
4. El examen de cómo **puede mejorarse la colaboración internacional y el intercambio de conocimientos para acelerar la innovación** en métodos y tecnologías de participación ciudadana representa una importante oportunidad para avanzar en este campo.
5. **El perfeccionamiento y consolidación del uso de enfoques sistémicos** para comprender los ecosistemas de innovación, sobre la base de la metodología empleada en este estudio, puede aportar a los Gobiernos ideas sólidas y pertinentes para diseñar, aplicar y evaluar políticas dirigidas a mejorar la participación ciudadana con tecnologías emergentes.
6. A medida que las tecnologías emergentes transformen la sociedad y la Administración Pública, la investigación y la experimentación continuas serán cruciales para garantizar que los procesos participativos sigan siendo eficaces, inclusivos y acordes con los valores democráticos.

Aprendiendo de las experiencias de Portugal, España y los Países Bajos, y continuando la exploración de nuevos enfoques, los responsables políticos y los profesionales pueden trabajar para crear sistemas democráticos más sólidos y adaptativos que impliquen de forma significativa a los ciudadanos en los procesos de toma de decisiones que configuran la sociedad que les rodea.

Referencias

AI, Communication & Democracy Lab (2024), *AI, Communication & Democracy Lab: Projects*, https://www.democracyai.pt/#projects (accessed on 26 August 2024). [30]

Antivachis, N. and V. Angelis (2007), "Network organisation: a system exegesis", *International Journal of Applied Systemic Studies*, Vol. 1/1, pp. 32-48, https://doi.org/10.1504/IJASS.2007.013815. [47]

Brugé, Q., J. Font and R. Gomà (2003), *Participation and democracy: associations and local power*, Universitat Autònoma de Barcelona. [31]

CAF and Oxford Insights (2020), *The GovTech Index 2020: Unlocking the Potential of GovTech Ecosystems in Latin America, Spain and Portugal.*. [24]

Comissão para a Cidadania e a Igualdade de Género (CIG) (2021), *Academia Participo! Empowering Youth | Building equality (Accessed 23/08/2024)*. [25]

Curley, M. and B. Salmelin (2013), *Open Innovation 2.0: A New Paradigm*. [8]

Dias, N. et al. (2021), *Participatory Budgeting World Atlas: 2020-2021*, Oficina, http://www.oficina.org.pt/atlas. [26]

European Commission (2022), *Digital Economy and Society Index (DESI) - Spain*. [35]

European Commission (2022), *Digital Economy and Society Index (DESI) 2022 - Portugal*. [20]

European Commission (2022), *Digital Economy and Society Index (DESI) 2022 - The Netherlands*. [40]

Eurostat (2023), , https://doi.org/10.2908/ISOC_CIEGI_AC (accessed on 26 August 2024). [18]

Eurostat (2023), , https://doi.org/10.2908/ISOC_SK_DSKL_I21 (accessed on 11 August 2024). [19]

Falanga, R. (2023), "Scaling participatory budgets. Pitfalls and potentialities from multiple scales in Portugal", *Local Development & Society*, https://www.tandfonline.com/doi/abs/10.1080/26883597.2023.2181704. [17]

Falanga, R. (2018), "Critical trends of citizen participation in policymaking. Insights from Portugal", *Changing societies: legacies and challenges.*, Vol. 2, https://doi.org/10.31447/ics9789726715047.12. [14]

Falanga, R. and J. Ferrão (2021), "The evaluation of citizen participation in policymaking: Insights from Portugal", *Evaluation and Program Planning*, Vol. 84, https://doi.org/10.1016/j.evalprogplan.2020.101895. [16]

Fórum dos Cidadãos (n.d.), *Fórum dos Cidadãos: History*, https://www.forumdoscidadaos.pt/quem-somos/equipa-e-historia (accessed on 26 August 2024). [28]

Generalitat de Catalunya and Political Watch (2022), *More than 10 years of CivicTech: achievements and prospects for the next decade*. [36]

Government of Portugal (2019), *AI Portugal 2030 Strategy*, https://ai-watch.ec.europa.eu/countries/portugal/portugal-ai-strategy-report_en. [22]

Government of the Netherlands (2021), *Eerste Kamer stemt in met nieuwe wet voor burgerschapsonderwijs*, https://www.rijksoverheid.nl/actueel/nieuws/2021/06/22/eerste-kamer-stemt-in-met-nieuwe-wet-voor-burgerschapsonderwijs#:~:text=De%20Eerste%20Kamer%20heeft%20vandaag,basiswaarden%20van%20de%20democratische%20rechtsstaat. (accessed on 26 August 2024). [39]

Grobbink, E. and K. Peach (2020), *Combining Crowds and Machines: Experiments in collective intelligence*, Nesta. [12]

Hernandez, E. (2018), *Local participatory governance. Building a new framework of relationship with citizenship*, Spanish Federation of Municipalities and Provinces (FEMP): M-35086-2018. [34]

KPMG (2023), *Nederlanders vertrouwen overheids steeds minder met persoonsgegevens.*. [42]

Meadows, D. (1999), "Leverage Points: Places to Intervene in a System", https://1a0c26.p3cdn2.secureserver.net/wp-content/userfiles/Leverage_Points.pdf. [13]

Medina-García, C., R. de la Fuente and P. Van den Broeck (2021), "Exploring the Emergence of Innovative Multi-Actor Collaborations toward a Progressive Urban Regime in Madrid (2015–2019)", *Sustainability*, Vol. 13/1, https://doi.org/10.3390/su13010415. [10]

Ministry of the Interior and Kingdom Relations (2023), *Open Government Action Plan 2023-2027 Open for everyone*. [41]

Ministry of the Interior and Kingdom Relations. (2020), *Kamerbrief over vrijgeven broncode overheidssoftware*. [43]

OECD (2025), *Forthcoming: Beyond the hype: Tackling civic participation challenges with emerging technologies*. [4]

OECD (2024), *2023 OECD Digital Government Index: Results and key finding*, https://doi.org/10.1787/1a89ed5e-en. [23]

OECD (2024), *Exploring New Frontiers of Citizen Participation in the Policy Cycle*, https://www.oecd.org/content/dam/oecd/en/about/programmes/reinforcing-democracy-initiative/Exploring-New-Frontiers-of-Citizen-Participation-Discussion-Paper.pdf. [2]

OECD (2024), *OECD Survey on Drivers of Trust in Public Institutions – 2024 Results: Building Trust in a Complex Policy Environment*,, https://doi.org/10.1787/9a20554b-en. [1]

OECD (2024), *OECD Survey on Drivers of Trust in Public Institutions 2024 Results - Country Notes: Netherlands.*. [38]

OECD (2024), *OECD Survey on Drivers of Trust in Public Institutions 2024 Results - Country Notes: Portugal*, OECD Publishing, Paris. [21]

OECD (2024), *Promoting Deliberative Democracy in the Basque Country in Spain: Lessons from the Tolosa Citizens' Assembly*, OECD Publishing, https://doi.org/10.1787/544f7514-en. [32]

OECD (2024), *The OECD Reinforcing Democracy Initiative: Monitoring Report – Assessing Progress and Charting the Way Forward*, https://doi.org/10.1787/9543bcfb-en. [3]

OECD (2023), *OECD Deliberative Democracy Database*. [15]

OECD (2023), *Open Government for Stronger Democracies: A Global Assessment*. [5]

OECD (2022), *OECD Economic Surveys: Finland 2022*, https://doi.org/10.1787/516252a7-en. [7]

OECD (2019), *Open Government in Biscay*, https://doi.org/10.1787/e4e1a40c-en. [33]

OECD (2017), *Recommendation of the Council on Open Government*. [45]

OECD (Forthcoming), *Background Note for the event "Getting Civic Tech Right for Democracy"*. [46]

Oficina (n.d.), *Good Participation Practices Award*, https://participaportugal.pt/en/good-participation-practices-award (accessed on 26 August 2024). [27]

Open Government Partnership (2022), *IRM Results Report: the Netherlands 2020-2022.* [44]

Randma-Liiv, T. (2022), "Organizing e-participation: Challenges stemming from the multiplicity of actors", *Public Administration*, Vol. 100/4, https://doi.org/10.1111/padm.12788. [6]

SCP (2022), *Burgerperspectieven bericht 2 > 2022.*. [37]

Skaržauskienė, A. and M. Mačiulienė (2020), "Mapping International Civic Technologies Platforms", *Informatics*, Vol. 7/4, https://doi.org/10.3390/informatics7040046. [11]

Steinbach, M., J. Sieweke and S. Süß (2019), "The diffusion of e-participation in public administrations: A systematic literature review", *Journal of Organizational Computing and Electronic Commerce*, Vol. 29/2, https://doi.org/10.1080/10919392.2019.1552749. [9]

Wolf, J., F. Nogueira and M. Borges (2021), "A Collaborative Methodology for Local Strategic Planning: Insights from Four Plans in Portugal", *Planning Practice & Research*, Vol. 36/1, https://doi.org/10.1080/02697459.2020.1755138. [29]

Anexo A. Métodos

La investigación realizada en este estudio explora los ecosistemas de innovación de tecnologías emergentes para la participación ciudadana con tres objetivos:

1. Definir los actores, recursos y facilitadores que forman parte de los ecosistemas de participación ciudadana y tecnologías emergentes en Portugal, España y los Países Bajos.
2. Evaluar los procesos e interacciones en los ecosistemas de innovación en Portugal, España y los Países Bajos con vistas a comprender cómo repercuten en el acceso, el uso, la generación y la ampliación de escala de las tecnologías emergentes para la participación ciudadana.
3. Proporcionar a los Gobiernos información práctica sobre las oportunidades de mejora de los ecosistemas de innovación para la participación ciudadana y las tecnologías emergentes en los tres países.

Mediante una investigación metodológica mixta que empleó trabajo de documentación, encuestas (Encuesta de Cartografía Sistémica), entrevistas y talleres, este estudio ofrece la oportunidad de realizar un análisis en profundidad de los ecosistemas de innovación a nivel nacional, al tiempo que garantiza la coherencia metodológica que permite una evaluación comparativa de prácticas eficaces y retos comunes. Este enfoque basado en datos contrastados señala medidas concretas que los Gobiernos pueden adoptar al objeto de impulsar la innovación y la adopción de tecnologías emergentes para la participación ciudadana.

Las técnicas y los instrumentos que se combinan en este enfoque metodológico incluyen:

- **El trabajo de documentación** realizado en cada país para identificar inicialmente a actores, comunidades y redes. Se utilizó para explorar el contexto innovador, cultural, empresarial, histórico y cívico de la participación ciudadana facilitada por la tecnología en cada país.
- La **encuesta digital (Encuesta de Cartografía Sistémica)** de organizaciones, comunidades y redes de cada país recabó información sobre prácticas, funciones y recursos de los actores, sobre los vínculos entre los actores y su entorno, sobre la cadena de valor, y sobre el entorno político, económico y de innovación. La encuesta se redactó en inglés y se tradujo al portugués, español y neerlandés para que los encuestados pudieran elegir su idioma. Estuvo abierta de mayo a julio de 2024. Las respuestas a la encuesta se utilizaron para realizar un análisis de redes sociales con el fin de generar una visión general de las interacciones entre los actores (véase la Tabla A A.1).

Tabla A A.1. Encuestados

	El sector público	El sector privado	La sociedad civil	El mundo académico	Total
Portugal	11	11	11	2	35
España	23	36	13	13	85
Países Bajos	14	27	8	9	58
Total	48	74	32	24	178

- **Las entrevistas de investigación con veinte actores clave de cada país** permitieron recabar su opinión sobre las funciones que desempeñan, sus relaciones con otros actores, la cadena de valor de la innovación y la implementación de la participación ciudadana, así como el entorno político, económico y de innovación y el contexto social, cultural e histórico de la participación ciudadana y las tecnologías emergentes. Los entrevistados correspondían a los segmentos del ecosistema definidos en la "Cuádruple Hélice" (véase Tabla A A.2).

Tabla A A.2. Entrevistados

	El sector público	El sector privado	La sociedad civil	El mundo académico	Total
Portugal	5	7	6	2	20
España	5	5	5	5	20
Países Bajos	8	7	2	3	20
Total	18	19	13	10	60

- **Los talleres de validación** celebrados en cada país reunieron a los actores de los ecosistemas para validar los borradores de los mapas de los ecosistemas y participar en un ejercicio de simulación de las interacciones entre los actores. En cada país se celebraron dos talleres de dos horas y media de duración: en los Países Bajos, los días 11 y 12 de junio de 2024 en Digicampus (La Haya); en España, el 26 de junio de 2024 en el INAP (Madrid); y en Portugal, el 18 de junio de 2024 en la AMA (Lisboa).
- En cada país se celebró un **taller ciudadano** en el que los ciudadanos compartieron sus experiencias de participación ciudadana y crearon prototipos para mejorar la implicación de la ciudadanía en la democracia. En dicho taller se siguió la metodología de creación de prototipos orientados al usuario desarrollada en Digicampus. En los Países Bajos se celebró en el Digicampus de La Haya el 11 de junio de 2024 (7 estudiantes universitarios), en España, el 27 de junio de 2024 en el INAP de Madrid (10 participantes de 18 a 29 años), y en Portugal, en el Instituto de Enseñanza Secundaria Ibn Mucana de Alcabideche el 19 de junio de 2024 (16 participantes de 18 a 28 años).
- **En un taller virtual con instituciones de la UE y actores que trabajan a escala internacional en el ámbito de la participación ciudadana** se estudiaron los factores que facilitan y dificultan la participación ciudadana en la Unión Europea. Este taller tuvo lugar el 3 de julio de 2024. En él participaron representantes de los principales actores del sector privado europeo, organizaciones nacionales del sector público, organizaciones internacionales, la sociedad civil e investigadores y expertos de prestigio internacional.
- Se generaron **visualizaciones de redes**, utilizando un programa informático específico (Gephi), que ilustraron la posición de los actores relevantes y sus conexiones recíprocas en cada país con vistas a encuadrar y afinar el análisis de los ecosistemas de innovación. Se puede acceder a los archivos originales aquí.

Anexo B. Una breve mirada al ecosistema transnacional a escala europea

Aunque el proyecto está anclado en Portugal, España y los Países Bajos, las redes para la innovación en la participación ciudadana traspasan sus fronteras. El trabajo exploratorio de documentación se combinó con un taller en línea en el que intervinieron actores clave que trabajan en la participación ciudadana a nivel de la Unión Europea para empezar a comprender las dinámicas transfronterizas.

Organizaciones de alcance internacional como el Observatorio Internacional de la Democracia Participativa (OIDP), la Alianza de Gobierno Abierto y el Centro de Competencia sobre Democracia Participativa y Deliberativa del Centro Común de Investigación (JRC) ofrecen plataformas para el intercambio transfronterizo de conocimientos y el desarrollo de capacidades en materia de participación ciudadana. Los proyectos internacionales estimulan la innovación y la experimentación en la participación ciudadana. Por ejemplo, PHOENIX, un proyecto financiado por el programa Horizonte 2020 de la UE para ensayar metodologías participativas adaptadas al contexto de las transiciones ecológicas, reúne a un grupo multidisciplinar de quince socios, entre los que figuran el Centro de Estudios Sociales de la Universidad de Coimbra, Oficina y Onesource de Portugal, el Consejo Superior de Investigaciones Científicas (CSIC) de España y el University College Groningen de los Países Bajos.

A partir de las fuentes anteriores, la Tabla A B.1 resume los principales factores que afectan al desarrollo y uso de la tecnología para la participación a nivel europeo y su impacto en este ecosistema transnacional de actores.

Tabla A B.1. Factores señalados por los participantes en el taller transfronterizo

Factores	Impactos
Voluntad política y apertura de los órganos de decisión	La mayoría de los proyectos participativos surgen de la voluntad política de ponerlos en marcha. El apoyo del Gobierno es un gran factor facilitador. Sin embargo, para implicar a los ciudadanos es necesario delegar en ellos la elección, al menos parcialmente, lo que supone perder poder; esto supone un reto para los procesos de formulación de políticas jerarquizados y verticales (de arriba abajo).
Requisitos legislativos	La exigencia y el mandato de implementar la participación ciudadana (a veces por reglamentación) tienen un impacto profundamente positivo en la demanda de tecnología para la participación ciudadana.
Ejemplos de éxito	La demostración con el ejemplo aumenta la demanda de uso de la tecnología en la participación ciudadana.
Capacidades del sector público	El sector público necesita crear capacidades para implementar soluciones tecnológicas.
Sostenibilidad de las iniciativas de participación ciudadana	A menudo, las iniciativas de participación se llevan a cabo de forma aislada, lo que supone que hay pocas oportunidades para ofrecer servicios y mejorarlos en distintas iteraciones.
Financiación y adquisiciones	Llevar a cabo proyectos participativos facilitados tecnológicamente es caro y la financiación suele ser limitada, lo que genera competencia por los recursos. Los contratos públicos no suelen ser adecuados para las colaboraciones transfronterizas y dificultan la participación de actores extranjeros.
Infraestructura digital	Las amplias infraestructuras técnicas y las buenas condiciones de acceso en la UE minimizan los problemas técnicos. Sin embargo, muchos Gobiernos no disponen de la infraestructura necesaria para albergar soluciones participativas.
Estándares e interoperabilidad	Los estándares tecnológicos facilitan el desarrollo de colaboraciones transfronterizas, simplificando la armonización entre los actores.
Profesionalización del sector	Los actores que se ofrecen están cada vez más organizados e institucionalizados, lo que facilita las colaboraciones.
Competencia por el talento	Las organizaciones que desarrollan tecnología para la participación ciudadana no pueden competir por el talento con las grandes empresas tecnológicas en cuanto a condiciones salariales.
Voluntad de innovación	Ensayar e implementar soluciones tecnológicas novedosas para la participación es difícil porque

Factores	Impactos
	los procesos deliberativos suelen funcionar con métodos tradicionales y no siempre hay voluntad de adoptar novedades.
Alfabetización democrática de los ciudadanos	Los ciudadanos, especialmente los jóvenes, a menudo carecen de una comprensión clara de cómo funciona la democracia y la participación.
Alfabetización digital de los ciudadanos	Las escasas competencias digitales, especialmente entre las personas mayores, limitan los incentivos para crear proyectos participativos tecnológicos.
Cultura de participación	Las políticas con tradición de participación ciudadana son más proclives a explorar la adopción de tecnología para relacionarse con los ciudadanos.

Fuente: OCDE a partir de las aportaciones del taller virtual (3 de julio de 2024).

Glosario

La **participación ciudadana** abarca "todas las vías por las que las partes interesadas [incluidos los ciudadanos] pueden involucrarse en el ciclo político y en el diseño y prestación de servicios". Esta definición engloba tres "niveles" de participación, que corresponden a las distintas formas de interacción entre ciudadanos y Gobiernos: información, consulta y colaboración (OECD, 2017[45]).

La **tecnología cívica** es "el uso de las tecnologías digitales para reforzar la democracia facilitando que el público esté informado y participe en la toma de decisiones y en la elaboración de políticas, y para aumentar la capacidad de respuesta y la rendición de cuentas de los Gobiernos" (OECD, Forthcoming[46]).

Los **gemelos digitales** son modelos digitales de lugares, productos o procesos del mundo real, existentes o planificados, que "se utilizan para modelizar sistemas complejos, a menudo en los ámbitos de la ordenación urbana, el diseño arquitectónico, la fabricación y la formación" (OECD, 2025[4]).

Las **tecnologías emergentes** se definen aquí utilizando un enfoque multidimensional (OECD, 2025[4]) que contempla cinco dimensiones (jurídica, política, social y experiencial, económica y técnica) en las que se encuadran estas tecnologías (en lugar de intentar, por ejemplo, basarse en una lista predefinida de tecnologías). Este enfoque multidimensional engloba y responde a la diversidad de actores que intervienen en el ciclo de vida de una tecnología digital, como el sector público, el mundo académico, el sector privado y la sociedad civil. Esta definición se ajusta a la óptica sistémica que se utiliza en el presente estudio.

Los **ecosistemas de innovación** consisten en "una red de actores del sector privado, de la Administración Pública y de las instituciones de investigación que colaboran para desarrollar nuevas tecnologías, productos o servicios para responder a objetivos específicos comunes" (OECD, 2022[7]). Para los fines de este estudio, también se examina el importante papel que desempeñan las organizaciones de la sociedad civil como parte del ecosistema de innovación de tecnologías emergentes para la participación ciudadana.

Las **organizaciones en red** se basan en entramados de relaciones entre equipos o actores (relativamente) independientes con propósitos u objetivos comunes. Estas estructuras rompen con los sistemas jerárquicos, estrictamente verticales (de arriba abajo) o centralizados, que son habituales en la gobernanza de las organizaciones, adoptando en su lugar estructuras organizadas por equipos y distribuidas (Antivachis and Angelis, 2007[47]). Un ejemplo es la Red de Ayuntamientos Participativos (RAP) de Portugal, constituida por diferentes municipios que trabajan conjuntamente en el ámbito de la participación ciudadana.

Abierto por defecto "determina el grado de apertura al margen de la publicación de datos abiertos, por ejemplo, en función de los esfuerzos realizados para fomentar el uso de tecnologías y datos para comunicarse y colaborar con diferentes actores" (OECD, 2024[23]).

La **tecnología propietaria** es cualquier proceso, herramienta o sistema, por sí solo o en combinación, que es propiedad de una persona física o jurídica, bajo patente o no, y que requiere algún tipo de permiso del propietario para que pueda utilizarse por terceros. Un ejemplo de este tipo de tecnologías son los programas informáticos que se autorizan mediante la compra de una licencia.

www.ingramcontent.com/pod-product-compliance
Lightning Source LLC
LaVergne TN
LVHW082053051026
849532LV00011B/3574